“悦科普”书系

利工养农《天工开物》

白话图解

[明] 宋应星 著　夏剑钦 译

岳麓书社 · 长沙

图书在版编目(CIP)数据

利工养农《天工开物》/(明)宋应星著;夏剑钦译.—长沙:岳麓书社,2024.6(2024.6重印)

ISBN 978-7-5538-2095-8

Ⅰ.①利… Ⅱ.①宋…②夏… Ⅲ.①《天工开物》—译文②《天工开物》—注释 Ⅳ.①N092

中国国家版本馆CIP数据核字(2024)第101874号

LIGONG YANGNONG《TIANGONG KAIWU》

利工养农《天工开物》

作　　者:[明]宋应星

译　　注:夏剑钦

出 版 人:崔　灿

统　　筹:蔡　晟

责任编辑:王　彦

责任校对:舒　舍

封面设计:陈泽吉

岳麓书社出版发行

地址:湖南省长沙市爱民路47号

直销电话:0731-88804152　0731-88885616

邮编:410006

版次:2024年6月第1版

印次:2024年6月第2次印刷

开本:710mm×1000mm　1/16

印张:13.75

字数:160千字

书号:ISBN 978-7-5538-2095-8

定价:30.00元

承印:湖南天闻新华印务有限公司

如有印装质量问题,请与本社印务部联系

电话:0731-88884129

序　言

王柯敏

习近平总书记指出："科技创新、科学普及是实现创新发展的两翼，要把科学普及放在与科技创新同等重要的位置。"党的二十大报告历史性地将教育、科技、人才"三位一体"统筹部署，进一步明确了科普发展的战略任务和使命导向。科学普及在提升公民科学素养、培育高素质创新大军、弘扬全社会科学精神等方面正在发挥越来越积极的作用。中小学生作为国家的未来和希望，他们的科学素养直接关系到国家的创新能力和发展潜力。加强中小学生的科普教育，提高他们的科学素养，显得尤为重要。

科普阅读，恰恰是开启智慧之门、引领孩子们走进科学殿堂的一把钥匙，更是同学们涵养科学精神、提升科学素养的重要途径。为此，湖南省教育厅联合湖南省科协、湖南出版集团共同开展了"科普阅读行动"，旨在通过评选并推荐一系列优秀的科普图书，为广大中小学生提供一份覆盖广、角度全、权威性强的科普阅读指南，帮助中小学生开阔视野、增长知识，提升自主探索和解决问题的能力，为将来走向社会奠定坚实基础。

科学成就离不开精神支撑。弘扬科学家精神，立德树人是本次行动的核心宗旨。这次遴选的图书包含了《"共和国勋章"获得者的故事：于敏》《杨振宁的故事》《共和国的数学家》等相当一部分科学家传记，它们生动记叙了科学家的成长经历和研究历程，深入挖掘了他们的精神内涵。正如法捷耶夫所言："青年的思想愈被范例的力量所激励，就愈会发出强烈的光辉。"通过阅读科学家传记，中小学生能学习到科学家坚韧不拔、勇于探索、追求真理的崇高品质，获得宝贵的精神财富，激励他们在未来的人生中保持热爱，心怀梦想，一往无前。

这些书目，一方面涵盖了数学、生物、物理等多个领域，与中小学生的学科学习紧密相关；另一方面，还有如《中国智造》《重器》《人工智能极简史》等关切当下热点、聚焦前沿科技、弘扬科技强国理念的作品。通过阅读这些图书，学生们可以深入了解生命的奥秘、感知自然的神奇、探索宇宙的无穷、感受科技的力量，从而激发他们对世界的兴趣和好奇心，加深对科学原理的认识和理解。

更为难得的是，面对未来跨学科融合的趋势，此次推荐的书目，不限于现代自然科学知识，还十分注重对中华传统文化的继承与弘扬，比如《中华造物记》《物语诗心：古诗与物理奇遇记》《二十四节气》等书籍，就有机地将科学与文化相结合，让中小学生在了解科学知识的同时，也了解祖国的悠久历史和灿烂文化，感受中华文明的博大精深，激发他们的民族自豪感和文化自信。

书单还针对不同年龄段学生的特点对图书的难度和侧重点进行了精心安排，既保证了科普阅读的连贯性和系统性，又充分考虑了不同学段学生的认知特点和学习需求。比如针对小学低年级学生主要推荐科普绘本，它们色彩鲜艳、画面生动，将复杂的科学原理用直观可感的方式呈现；推荐给小学中高年级学生的图书大多将科学家精神、科学知识有机融入故事中，通过生动活泼的讲述、妙趣横生的比喻有效提升孩子的文本阅读兴趣，同时也让他们学会写作叙事的技巧；面向初高中学生，书单推荐了《费曼讲物理：入门》《十问：

霍金沉思录》等经典佳作，它们是人类智慧的精粹，能提升学生的思辨力，学会客观、审慎地看待自我和世界。

那么，应该如何用好这份书单呢？首先，家长和老师在选择图书时，要适当考虑孩子的年龄，充分尊重孩子的兴趣。其次，鼓励孩子们在阅读过程中积极思考、提问和讨论，引导孩子们关注书中的科学原理、实验方法和科学精神，与他们一起探讨和解疑答惑。此外，还可以结合观察实验、观看科普视频、参观科技馆等实践活动来深化阅读效果。

我相信此次“科普阅读行动”，会推动更多的孩子踏上科普阅读、博学明辨、慎思笃行的成长旅程。我们也会持续关注科普教育的发展动态，为培养更多具有创新精神和科学素养的新一代人才而不懈努力。相信在不久的将来，许许多多热爱科学、勇于探索的孩子将成为推动社会进步的重要力量，为实现中华民族伟大复兴的中国梦贡献自己的智慧和力量。

（作者系湖南省教育基金会第四届理事会理事长，湖南省人大常委会原党组副书记、副主任，湖南省教育厅原党组书记、厅长，湖南省委教育工委原书记，湖南省科技厅原党组书记、厅长，湖南大学原校长）

导 读

《天工开物》是我国明朝末年继李时珍《本草纲目》、徐光启《农政全书》问世以来，文坛出现的又一部奇书。说它奇，主要是中国封建社会到了明末，不仅中央专制集权已经登峰造极，政治腐败到了不可收拾的局面，而且士风日坏，脱离实际、趋利避害的理学僵化学风也到了无以复加的程度。朝廷以经义八股文取士，读书人不问政治，皓首穷经，只为了功名利禄、金榜题名，致使社会上那些为科举考试服务的“四书五经”选本，制义时文作法、范文，乃至肖题、认题、抄袭、猜题、作弊之类的资料五花八门，铺天盖地。在这种全民崇尚儒学、鄙视其他学问，尤贱科技的腐朽社会风气下，卓然出现一种专为民众解决衣食住行问题、促进农业与手工业生产向前发展而“与功名进取毫不相关”的科技著作《天工开物》，无异于冒出一朵“出淤泥而不染”的奇葩，在文坛显得格外清新亮丽。就当时来说，《天工开物》是世界上第一部关于农业和手工业生产的综合性科技著作。它一问世，就被国外学者誉为“中国17世纪的工艺百科全书”，其作者宋应星被李约瑟博士称为“中国的狄德罗”。

宋应星(1587—?)，字长庚，江西奉新人，明代科学家。明万历四十三年(1615)乡试中举，以后多次参加会试不第。历任江西分宜教谕、福建汀州府(治今长汀)推官、南京亳州(今属安徽)知州等职。崇祯十七年(1644)弃官归里，终老于乡。他一生讲求实学，不满士人热衷经义八股文取士的功利世风，而对当时商品经济高度发展、生产技术达到新水平的趋势极感兴趣。在江西分宜教谕任内，他在教授生员之余，也致力于对农业和手工业生产的科学考察和研究，收集了丰富的科学资料，并对中国几千年来出现过的农业和手工业生产的知识和经验进行总结性的研究和概括，使之系统化、条理化，以图文并茂的形式著成《天工开物》一书。该书所收农业、手工业科技知识，诸如农业的水稻浸种、育秧、插秧、除草、防灾，以及麦、黍、粟、麻、菽等五谷生产的全过程，手工业则如机械、砖瓦、陶瓷、硫黄、烛、纸、兵器、火药、纺织、染色、制盐、采煤、榨油等生产技术，均做了详尽的介绍和论述，既有实用价值，又有理论意义，体现了他在农业、生物学、化学、物理学等多方面的理论修养。书中还记述了当时工农业生产中一些先进的科技成果，所用技术数据有定量的描述，并注重引入理论概念，而不是单纯的技术描述。这些都表现出作者先进的科学思想和理论素养。更为可贵的是，作者强调人类要和自然相协调、人力要与自然力相配合、利用自然力（天工）来进行创造性生产的哲学观，使本书更具科学性和生命力。

《天工开物》一书经三年编撰，于崇祯十年（1637）完成，由作者的好友涂绍煃（字伯聚）资助刊印。全书分上、中、下三卷共十八篇，编次顺序按“贵五谷而贱金玉”的原则安排；将与衣食有关的农业六篇置于卷首，中间是有关工业和手工业的陶埏、冶铸、舟车等七篇，下卷是五金、佳兵、丹青等五篇，而以珠玉殿后，体现了作者重农、重工、重实学的思想。该书问世后，于明末清初传入邻国日本，并被大量刊印，成为日本人普遍阅读的科技书籍之一。学者们纷纷利用书中的技术资料指导生产，从而推动了日本近代农业的发展。19世纪流入欧洲后，《天工开物》即作为一部科技“权威著作”，先后被译成法文、英文、德文、俄文出版发行。

令国人十分遗憾的是，这部举世瞩目的科学名著，在中国国内明朝末期至清朝末期，几乎湮没无闻。直到民国初年，地质学家丁文江在云南考察时，发现一本载有《天工开物》片段的古籍，托友人到日本抄录购买，才知道中国明代有这么一本奇书。这中间的缘由，无疑主要是清代封建专制仍以科举取士，“万般皆下品，唯有读书高”，而通向读书做官之路要读的书，仍然是崇儒学、贱科技。辛亥革命后，社会有了进步，至民国十八年(1929)，国内才有江苏武进涉园据日本明和八年(1771)刊本，并以《古今图书集成》本校订重刊的《天工开物》涉园本。

本次出版即以涉园本为底本，并将原文翻译成现代汉语。译文力求依据“信、达、雅”的原则，尽量做到准确可靠，语言流畅，文辞规范。古文难译，不当之处，尚望方家指正。

夏剑钦

2016 年 2 月于长沙西湖丽景望岳轩

目　录

上　卷

第一章　乃粒 …………… 001
总　名 ……………… 001
稻 …………………… 002
稻　宜 ……………… 003
稻　工　耕、耙、耔、耘具图 ……………… 004
稻　灾 ……………… 007
水　利　筒车、牛车、踏车、拔车、桔槔皆具图 …… 009
麦 …………………… 012
麦　工　北耕种、耨具图 …………………… 013
麦　灾 ……………… 016
黍、稷、粱、粟 ………… 016
麻 …………………… 017
菽 …………………… 018
第二章　乃服 …………… 020
蚕　种 ……………… 021
蚕　浴 ……………… 021
种　忌 ……………… 022
种　类 ……………… 022
抱　养 ……………… 023
养　忌 ……………… 024
叶　料 ……………… 024
食　忌 ……………… 025
病　症 ……………… 026
老　足 ……………… 026
结　茧　山箔具图……… 027
取　茧 ……………… 029
物　害 ……………… 029

择　茧 …………………… 030
造　绵 …………………… 030
治　丝　缫车具图……… 031
调　丝 …………………… 034
纬　络　纺车具图……… 034
经　具　溜眼、掌扇、经耙、
印架皆具图 …… 035
过　糊 …………………… 036
边　维 …………………… 037
经　数 …………………… 037
花机式　具全图 ……… 038
腰机式　具图 ………… 039
结花本 …………………… 040
穿　经 …………………… 041
分　名 …………………… 041
熟　练 …………………… 042
龙　袍 …………………… 042
倭　缎 …………………… 043
布　衣　赶、弹、纺具图 … 043
枲　著 …………………… 046
夏　服 …………………… 046
裘 ………………………… 047
褐、毡 …………………… 048

第三章　彰施………………… 050
诸色质料 ……………… 050
蓝　淀 …………………… 051
红　花 …………………… 052
造红花饼法 …………… 053
槐　花 …………………… 053

第四章　粹精………………… 054
攻　稻　去禾、轧禾、风车、水碓、
石碾、臼、碓、筛皆具图
…………………… 054
攻　麦　扬、磨、罗具图 … 060
攻黍、稷、粟、粱、麻、菽
小碾、枷具图 ………… 064

第五章　作咸………………… 066
盐　产 …………………… 066
海水盐 …………………… 067
池　盐 …………………… 070
井　盐 …………………… 071
末　盐 …………………… 077
崖　盐 …………………… 077

第六章　甘嗜………………… 077
蔗　种 …………………… 077
蔗　品 …………………… 079
造　糖　具图 ………… 079
造白糖 …………………… 081

饴饧 …… 082
蜂蜜 …… 082

中卷

第七章 陶埏 …… 084
瓦 …… 084
砖 …… 086
罂、瓮 …… 089
白瓷 …… 092

第八章 冶铸 …… 097
鼎 …… 098
钟 …… 099
釜 …… 103
像 …… 104
炮 …… 104
镜 …… 105
钱 …… 105

第九章 舟车 …… 108
舟 …… 109
漕舫 …… 109
海舟 …… 114
杂舟 …… 115
车 …… 119

第十章 锤锻 …… 123
治铁 …… 123
斤斧 …… 124
锄、镈 …… 125
鎈 …… 125
锥 …… 126
锯 …… 126
刨 …… 126
凿 …… 127
锚 …… 127
针 …… 128
治铜 …… 129

第十一章 燔石 …… 131
石灰 …… 132
蛎灰 …… 133
煤炭 …… 134
矾石、白矾 …… 136
青矾、红矾、黄矾、胆矾 …… 137
硫黄 …… 139
砒石 …… 140

第十二章 膏液 …… 142

油　品 ……………… 142
法　具 ……………… 144
皮　油 ……………… 146

第十三章　杀青 ………… 147
纸　料 ……………… 148
造竹纸 ……………… 148
造皮纸 ……………… 152

下　卷

第十四章　五金 ………… 154
黄　金 ……………… 154
银 …………………… 157
铜 …………………… 162
铁 …………………… 165
锡 …………………… 168
铅 …………………… 171

第十五章　佳兵 ………… 171
弧、矢 ……………… 172
弩 …………………… 176
干 …………………… 178
火药料 ……………… 178
硝　石 ……………… 179
硫　黄 ……………… 180
火　器 ……………… 180

第十六章　丹青 ………… 185
朱 …………………… 186
墨 …………………… 189

第十七章　曲糵 ………… 192
酒　母 ……………… 192
神　曲 ……………… 193
丹　曲 ……………… 194

第十八章　珠玉 ………… 196
珠 …………………… 197
宝 …………………… 201
玉 …………………… 203

上　卷

第一章　乃粒

宋先生说：传说中古代农业和医药的发明者神农氏，好像真的存在过又好像没有此人，然而，仔细体味“神农”这个赞美的称号，就觉得“神农”这两个字至今仍然是存在着重要意义的。人类自身并不能长久生存下去，而是靠五谷才生存下来；可是五谷并不能自己生长，而是需要靠人类的种植生长。土壤经过漫长的时代而有所改变，谷物的种类、特性也会随着不同的水土而有所区别。不然的话，从远古神农时代到发明陶器的唐尧时代，人们食用的粮食品种已经历千年之久了，神农氏教导天下百姓利用耒耜（lěisì）等耕作工具进行耕种的方法，难道还有什么不清楚的吗？而后来纷纷出现的许多良种谷物，一定要等到周之先祖后稷（jì）出来才得以详细说明，这其中的原因又是什么呢？

那些不务正业的富贵人家子弟，将劳动人民看成罪人；那些读书人家把“农夫”二字当成辱骂人的话。像这样饱食终日，只知道早晚饭食的美味，却忘记了粮食是从哪里得来的人，真是太多了！如此看来，将开创农业生产的始祖奉之为“神”就是理所当然的了，这难道是人力故意所为吗？

总　名

谷物并不是一种固定的名称，百谷是就谷物的总体而言的。

“五谷”是指麻、菽、麦、稷、黍，其中唯独漏掉了稻谷，这是因为著书的先贤是西北人的缘故。现在全国养育百姓的粮食之中，稻谷占了十分之七，而小麦、大麦、黍、稷共占十分之三。麻和豆这两类已经被完全列为蔬菜、糕饼、脂油等副食使用了，依然将它们归入五谷之中，只不过是沿用了古代初始的说法罢了。

稻

稻谷的种类最多。不黏的，禾叫粳（jīng）稻，米叫粳米；黏的，禾叫稌（tú）稻，米叫糯米（南方没有黏黍，酒都是用糯米酿制的）。本来属于粳稻的一种但晚熟且带黏性的（俗名叫“婺源光”一类的），不能用来酿酒，只能用来煮粥，这是另一种稻。稻谷形状有长芒、短芒（江南称长芒稻为“浏阳早”，短芒稻为“吉安早”）、长粒、尖粒、圆顶、扁粒等多种不一。其中米的颜色有雪白、淡黄、大红、淡紫和杂黑等多种。

浸种期，最早是在春分以前，叫作社种（遇到天寒有被冻死而不得生长的），最晚在清明以后。播种时，先用稻草或麦秆包盖好种子，浸泡在水里几天。等种谷发芽后再撒播到秧田里，苗长到一寸多，就叫作秧。秧龄满三十天，即可拔起分插。稻田遇到干旱或者水涝，都不能插秧。秧苗过了育秧期就会变老而拔节，这时即使把秧插到田里，结谷也只是几粒，仅仅结了果而已。通常一亩秧田所培育的秧苗，可供移插二十五亩田。

插秧后，早熟的品种大约七十天就能收割（粳稻有“救公饥”“喉下急”，糯稻有“金包银”等品种。各地的方言叫法多样，难以尽述），最晚熟的品种，要历经夏天到冬天长达二百多天时间才能收割。至于冬季播种、夏季五月就能收获的，那是两广地区的水稻，因为那里终年没有霜雪。如果水稻缺水十天，就要担心干旱了。夏天种、冬天收的水稻，必须种在山间水源不断的田里，这类稻种生长期长，土温也低，禾苗长势较慢。靠近湖边的田地，要等到夏季洪水过后，大约六月份才能插秧。其秧苗应在立夏时节播种，还要播在地势较高的秧田里，等汛期过后才插秧。

南方平原的稻田，大多是一年两栽两熟的。第二次插的秧俗名叫晚糯，不是粳稻。六月割完早稻，田地经过犁耙后，再插上晚稻秧。这种秧是在清明时就和早稻秧同时播种的。早稻秧一天缺水就会死，而这种秧经过四月和五月两个月，任凭曝晒和干旱都不用担心，这是一种不同的类型。晚稻遇到秋季多晴天时，就要始终不停地灌水。农家这样辛勤地劳动，是为了酿造春酒的需要。水稻缺水十天就会死掉。但后来从中变化出一种旱稻，是不黏的粳稻，即使在高山上也可种植，这又是一种变异的类型。还有一种香稻，因为它有香气，而通常专供富贵人家享用；因为产量很低，又没有什么滋补的益处，并不值得提倡。

稻 宜

凡稻子栽在土壤贫瘠的田里，则长出的稻穗、稻粒就会稀疏不饱满。勤劳的农民通过施粪等多种方法来增进稻田的肥力。人畜的粪便、榨了油的枯饼（“枯”是因为榨去了油而得名。其中芝麻籽饼、萝卜籽饼是最好的，油菜籽饼稍稍差点儿，油桐籽饼又稍微差些，樟树籽饼、乌桕（jiù）籽饼、棉花籽饼再稍稍差些）、草皮、树叶被用来辅助肥力，促进水稻生长，这是全国各地都相同的。（南方磨绿豆粉的农民，用磨粉时滤出来的发酵的浆液来浇灌稻田，肥效很好。豆子便宜时，将黄豆粒撒在稻田里，一粒黄豆腐烂后可以肥稻田三寸见方，增产所得的收益便是所撒播黄豆成本的双倍。）对于土温低的“冷水田”，插秧时宜将秧根用骨灰点蘸（用禽、兽骨都可以），再将石灰撒于秧脚，但对于向阳的暖水田就不适用了。对于土质坚硬的田，应该把它耕成垄，将土块叠起堆放在柴草上烧，但对于黏土和土质疏松的稻田就不适合这样处理。

稻　工　耕、耙、耔、耘具图

凡是收割后不再耕种的稻田，应该在当年秋季翻耕（见图1-1）、松垦，使稻茬在稻田里腐烂，这样所取得的肥效相当于粪肥的一倍。若秋天干旱没有水，或是懒散的农家误了农时春耕，那第二年最终的收获就会减少。给稻田施肥时，不论施干肥还是上稀粪，都怕碰上连绵大雨，因为雨水一冲，肥分就会随水漂走。所以需要密切注意天气变化，这就要靠老农的智慧了。稻田耕过一遍之后，有些勤快的农民还要翻耕第二遍、第三遍，然后再耙碎弄平（见图1-2），这样一来土质就会碎得很均匀，其中的肥分也就分散得很均匀了。

农民家里缺少牛耕畜力的，两个人在犁上绑一根杠子，前后相顾拉犁翻耕，狠劲儿干一整天，只能相当于一头牛的劳动效率。如果犁耕后缺少畜力，就做个磨耙，两人用肩和手拉着耙，这样干上一整天则相当于三头牛的劳动效率。我国中原地区只有水牛、黄牛两种。其中水牛力气要比黄牛大一倍。但是畜养水牛，冬季要有牛棚来抵御严寒，夏天要有池塘供牛洗澡，养水牛所花费的心力也就比养黄牛的多一倍。如果耕牛在立春之前耕地时用力过度出了汗，一定要避免淋雨，快要下雨时就赶紧将耕牛赶进牛棚。等到过了谷雨之后，牛就任凭风吹雨淋也不怕了。

苏州一带种田的农民，用铁锄代替犁，因此不用耕牛。我认为贫苦的农户，如果合计一下购买耕牛的本钱和水草饲料的费用，以及被盗窃、牛生病和死亡等意外损失，那就不如用人力耕作。假如说，有牛的农户能耕种十亩农田，而没牛的农户用铁锄，勤快的也能种上有牛的农户的一半。既然是没有牛，那秋收之后也不必考虑喂牛的饲料以及怎么放牧等烦心事，同时可以腾出手来种植豆、麦、麻、蔬菜等作物了。这样，用二次收获来补偿荒废了的那一半田地的损失，似乎也就和有牛的家庭差不多了。

水稻插秧后的几天内，旧叶会变得枯黄而长出新叶来。新叶长出来后，就可以给禾苗培土松泥了（俗名叫作“挞禾”）。（见图 1－3）手里拄着木棍，用脚把泥培在稻禾根部，并且把原来田里的杂草踩进泥里，使它不能生长。原来田里的水稗（bài）子草之类小草，用培泥的方法就可以使草弯曲入泥。但是稊（tí）草、稗草、苦菜、水蓼（liǎo）等杂草不是用脚力就能除掉的，必须接着用手来耘田（除草）（见图 1－4）。除草的人腰和手会比较辛苦，分辨稻禾和稗草则要靠人的两只眼睛。除干净了杂草，禾苗就会长得很茂盛。此后，只要注意排水防涝、灌溉防旱，一个月后就可以持镰收割了。

图 1－1　耕

图 1-2　耙

图 1-3　耔

图 1-4　耘

稻 灾

早稻种子一般在秋初时收藏，若是中午在烈日下曝晒，种子内的热气还没散发就装入谷仓，之后封闭谷仓又太急的话，稻种就会带暑气（太勤快的农家反倒会受这种灾害）。第二年播种之后，田里的粪肥就会发酵使土壤温度升高，再加上东南风带来的暖热气息，整片稻禾就会如同受到火烧一样发生稻瘟病，给禾苗和稻穗造成很大的损害，这是水稻的第一种灾害。若是稻种等到晚上凉了后再入仓，或者是在冬至的数九寒天时节收藏一缸雪水、冰水（立春之后收藏的就会没有效果），到来年清明浸种时，每石稻种泼上几碗，暑气就会立刻解除，任凭东南风吹拂带来多高的温度，禾苗稻穗都会长得非常好（病根在稻种里面，有人反而去埋怨鬼神）。

播撒稻种时，如果田里积水有好几寸深，种谷还没来得及沉下就突然刮起了狂风，谷种就会堆积在秧田的一个角落，这是第二种灾害。因此，要在风势平定后再播撒稻种，那样，谷种就能均匀地沉下并育成秧苗。稻种长出秧苗之后，要防止雀鸟成群飞来啄食，这是第三种灾害。在稻田中竖立一根杆子，上面悬挂些假鹰随风飘扬，就可以驱赶雀鸟了。撒播的稻种还没有扎根立稳时，若碰上阴雨连绵的天气，种苗就会损坏一大半，这是第四种灾害。只希求得连续三个晴天，种苗就会粒粒都生根成活了。秧苗返青长出新叶之后，泥土里的肥力不断散发出来，再加上南风带来的热气一熏，禾苗叶鞘及茎秆里就会生虫（形状像蚕茧一样），这是第五种灾害。只求老天这时能遇上一阵西风雨，害虫就能被消灭，禾苗便可以正常地生长了。

禾苗抽穗之后，夜晚“鬼火”四处飘游烧焦禾稻，这是第六种灾害。“鬼火”是从腐烂的木头中放出来的。木与火就像母亲和孩子，孩子藏在母亲的腹中，母身即木头尚未腐烂，火也就永远藏在木头里面。每逢多雨的年份，荒野中的坟墓多被狐狸挖穿而塌陷。坟里面的棺材板子被水浸透而腐烂，这就是所谓母体坏了。木中的火失去依附，就会离开母体而四处飞扬。但是阴火是见不得阳光的，只有等到黄昏太阳落山，这种火才会从坟墓的缝隙里冲出来，它不能飞得很高，只能飘游不定止于几尺高的空间。禾叶和稻穗一旦遇上立刻就被烧焦。驱逐“鬼火”的人，一看见树根处有火光，便以为是鬼，举起棍棒去打它，反倒有了“鬼变枯柴”的说法。他不知道“鬼火”向来都是一见灯光就会消失的。（没有经过人们灯火传燃的都属于阴火，因而一见到灯光就熄灭了。）

秧苗自返青到抽穗结实，早熟稻每蔸（dōu）需要水量三斗，晚熟稻每蔸需水量五斗，没有水了就会枯死（快要收割之前如果缺少一升水，谷粒数目虽然还是那么多，但米粒会变小，用碾或臼加工的时候，也会多有破碎），这是第七种灾害。在引水灌溉方面，人们的聪明才智已经发挥无余了。稻子成熟的时候，往往会遇到刮狂风将稻粒吹落，或者遇上连续十来天的阴雨使谷粒沾湿自行霉烂，这是第八种灾害。但是风灾的范围一般不会超过方圆三十里，阴雨成灾的范围一般也不会超过方圆三百里，这种局部地区的灾害不会范围很广。谷粒被风吹落这是没有办法的。若是贫苦的农家苦于阴雨不晴，可以把湿稻谷放在锅里，烧火爆去谷壳，做炒米饭来充饥，这也算是补救自然灾害的一种办法吧。

水　利　筒车、牛车、踏车、拔车、桔槔(jiégāo)皆具图

水稻靠水，最怕旱情，可说是五谷中最独特的。土质的沙性、黏性、贫瘠、肥沃，各地情况都不一样。有的稻田灌水后三天就干涸了，也有的半个月后才干涸。如果天不降雨，就要靠人力引水浇灌来补救。靠近江河边有使用筒车(见图 1－5)的，先筑个堤坝挡住水流(见图 1－6、图 1－7)，使水流环绕在筒车下，冲击筒车的水轮旋转，让水进入筒内，这样一筒筒的水便会随着水轮旋转倒进引水槽，然后导流进入田里。(见图 1－8)这样昼夜不停地引水，即便浇灌上百亩田地也不成问题。(不用水时，可用木栓卡住水轮，不让水轮转动。)在没有流水的湖边、池塘边，有的使用牛力拉动转盘进而带动水车(见图 1－9)，有的用几个人一齐踩踏来转动水车(见图 1－10)。水车车身长的达两丈，短的也有一丈。车内用龙骨拴接一块块串板，关住一格格的水使它向上逆行。大概一人干一整天，能浇灌田地五亩，用牛力则功效高出一倍。

浅水池和小水沟，如果安放不下长水车，就可以使用几尺长的手摇水车(见图 1－11)。一个人用两手握住摇把迅速转动，一天的工夫能浇灌两亩田地。扬州一带使用几扇风帆，靠风力带动水车旋转(见图 1－12)，风停息水车也就不动了。这种车是专为排涝使用的，排除积水以便于栽种。因为是用来排涝而不是用于取水灌溉的，所以并不适于抗旱。还有用桔槔(见图 1－13)和辘轳(见图 1－14)汲取井水灌溉的，那功效就更低微了。

图 1-5　筒车

图 1-6　堰

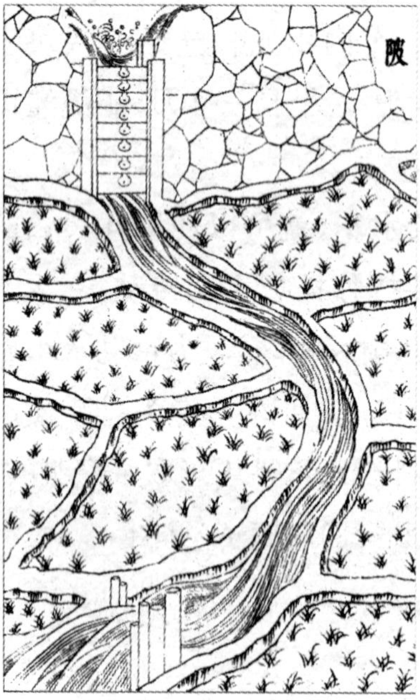

图 1-7　陂

图 1-8　高转筒车

图 1－9　牛车

图 1－10　踏车

图 1－11　拔车

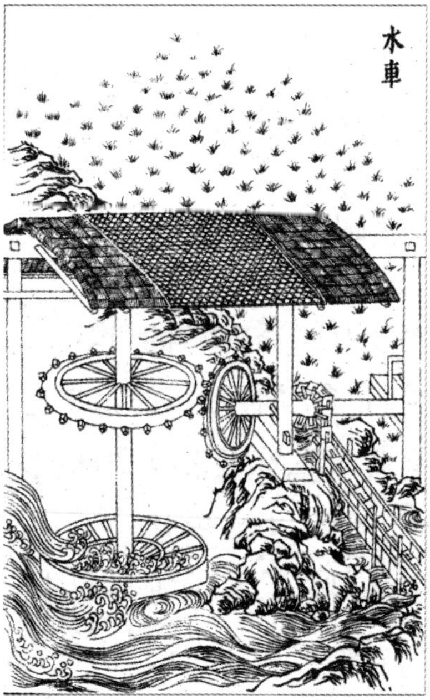

图 1－12　水车

图 1－13　桔槔

图 1－14　辘轳

麦

麦子有好多种。小麦叫作“来”，是麦子中列在首位的一种；大麦有叫作“牟”的，也有叫作“穬(kuàng)”的；杂麦有叫“雀”的，有叫“荞”的；都是因为它们的播种时间相同，花的形状相似，又都是磨成面粉用来食用的，所以都称为麦。在我国，河北、陕西、山西、河南、山东等地，老百姓吃的粮食当中，小麦占了一半，而黍、小米、稻子、高粱等加起来仅占另一半。西至四川、云南，东至福建、浙江、江苏，以及中部的江西、湖南、湖北等地区，方圆六千里之中，种植小麦的大约占二十分之一。人们将小麦磨成面粉用来做花卷、饼糕、馒头和汤面等食用，但早晚正餐都不用它。种植其他麦类的只有五十分之一，民间贫苦百姓拿来当早餐吃，富贵人家是不会吃它们的。

穬麦只产在陕西一带，又叫青稞，也就是大麦，它随土质的不同而皮色相应变化。麦皮青黑色的，陕西人专门用来喂马，只有在饥荒的时候人们才吃它。（大麦也有带黏性的，在黄河、洛水之间的地区人们用它来酿酒。）燕麦的麦穗比较细小，每个麦穗中又分长开十多个麦粒，这种麦间或也有野生的。至于荞麦，它实际上并不算是麦类，但因为人们用它磨粉来充饥，流传下来名叫麦，也就算它是麦吧。

北方的小麦，经历四季的气候变化，秋天时候播种，第二年初夏时节才收获。南方则从播种到收割，时间相对短一些。江南麦子夜晚开花，江北麦子白天开花，这也算一件奇事。大麦的播种和收割的日期与小麦基本相同。荞麦则应在中秋时播种，不到两个月就可以收割。荞麦苗遇到霜就会冻死，所以希求上天降霜的时间晚一点，荞麦就可能获得好收成了。

麦　工　北耕种、耨(nòu)具图

种麦子与种水稻，最初翻土整地的工序相同，但播种以后，种水稻还需要多次耘、耔等勤苦的劳动，麦田却只要锄锄草就可以了（见图 1－15）。北方的土壤多在高处，是疏松黑土容易耕种，种麦的方法和工具都与种稻子有所不同，且耕和种是同时进行的（见图 1－16）。用牛拉着起土的农具，不装犁头，而装一根横木，在横木上并排安装两块尖铁，这种农具方言把它称为镪（耧）。镪（耧）的中间装个小斗，麦种盛在斗内，斗底钻些梅花眼。牛行走时摇动斗，种子就从眼中撒下。若想种得既密又多，就赶牛快走，种子就撒得多；如要稀些少些，就让牛慢走，撒种就少。播种后，再用驴拖两个小石磙(gǔn)压土埋麦种(见图1-17)。土压紧了，麦种才能发芽。南方土壤与北方的不同，要将麦地多次耕翻耙松之后，再用草木灰拌种，用手指拈着种子点播(见图1-18)。点播之后，接着用脚跟把土踩紧，以代替北方用驴拉石磙子压土。

如此耕地播种之后，就要勤于耨土锄草。锄草要用宽面大锄，麦苗生出来后，锄得越勤越好(有锄三四次的)。杂草锄尽，田里的全部肥料养分就都会聚集于麦苗，结成饱满的麦粒了。工夫勤，草就容易除净，这在南方和北方都是一样的。给麦田施肥，因为播种后不好施，所以应当预先施足基肥。陕西和河南洛水流域，怕害虫蛀蚀麦种，有用砒礵拌种的，南方则只用草木灰(俗称地灰)。南方稻田有种麦子来肥田的，并不追肥让麦子抽穗结实。而是当春小麦或大麦还在青苗期时，就把它们耕翻压死在田里，做绿肥来改良土壤，秋收时稻谷的产量必定能倍增。

麦子收割之后的空隙时段，地里还可以再种其他作物。从夏初到秋末，有近半年时间，完全可以因地制宜地种点其他作物，这就看个人所需了。南方就有在大麦收割后再种植晚熟粳稻的。勤劳的农民辛苦劳作，总会得到回报的。荞麦是在南方收割水稻后和北方收割豆子、谷子后才种的。荞麦的特性是吸收肥料较多，会使土壤变瘦。但若计算它的产量，差不多是原先谷物产量的一半还多，故勤劳的农家不妨再施肥种一点。

图 1－15　耨

图 1－16　北耕兼种图

图 1－17　北盖种图

图 1－18　南种牟麦图

麦 灾

种麦子的灾害只相当于种植稻子的三分之一。播种以后，遇上雪天、霜天、晴天、洪涝天气都没有什么影响。麦子的特性是需要的水量很少，北方只要在仲春时节下一场能浇透地的大雨，麦子就能开花并结出饱满的麦粒了。在荆州、扬州这些长江以南的地区，最怕的就是梅雨天气，如果在麦子成熟的时段，天气晴上十来天，就能麦子满仓，吃也吃不完了。扬州有农谚说“寸麦不怕尺水”，就是说麦子刚成长的时候，任水没顶都没有什么关系；“尺麦只怕寸水”，那是说麦子成熟时，哪怕一寸深的水也能把麦根泡软，茎秆就会倒伏在泥里，麦粒也就都烂在地里了。

江南有一种鸟雀，有肉无骨，成千上万地飞来啄食麦子，但灾害波及的范围不广，不过方圆几十里罢了。而长江以北的地区，一旦发生蝗虫灾害，那年就会变成大灾之年。

黍、稷、粱、粟

各种粮食之中，碾成米粒而不磨成粉来食用的品种很多。相距几百里，粮食的颜色、味道、形状和质量会随地区的不同有些变化，尽管大同小异，名称却是成百上千。北方人只把粳稻叫大米，其余的都叫小米。黍与稷同属一类，粱与粟又属同一类。黍有黏的和不黏的（黏的可以酿酒）。稷只有不黏的，没有黏的。黏黍、黏粟统称为“秫（shú）”，并不是两种之外另有叫“秫”的作物。黍的颜色红、白、黄、黑都有，有人专把黑黍称为稷，这不对。至于说因为稷米比其他谷类早熟，可以用于祭祀，所以把早熟的黍称为稷，这个说法还差不多。

黍在《诗经》《尚书》中还有虋(mén)、芑(qǐ)、秬(jù)、秠(pī)等名称,在当今的方言中则有牛毛、燕颔、马革、驴皮、稻尾等名称。黍最早的在三月下种,五月份成熟;居中的是在四月下种,七月份成熟;最晚的是五月下种,八月份成熟。开花和结穗的时间总与大、小麦不同时。黍粒的大小总是取决于土地肥力的厚薄、岁时节令的好坏。宋朝的儒生拘泥于以某个地区的黍粒为依据来定标准,那是不对的。

粟与粱统称黄米。其中黏粟可用于酿酒,此外有一种芦粟名叫高粱,是因为它的茎秆高达七尺,很像芦、荻。粱粟的种类、名称,比黍和稷的还要多。那些名称有的是用人的姓氏、山水,有的则根据其形状或时令命名,总之无法一一列举出来。山东人只称它们为"谷子",并不知道粱粟还有那些名称。

以上四种米都是在春天播种秋天收获的,耕作的方法与大、小麦的相同,播种与收割的时间却和麦子相差很远。

麻

麻类中既可做粮食又可做油料的,只有大麻和胡麻两种。胡麻就是芝麻,相传是西汉时期才从大宛国传来的。古时候的人把麻列为"五谷"之一,若是专指大麻,难道是恰当的吗?在我看来,古代《诗经》《尚书》里所说"五谷"中的麻,或者已经绝种了,或者就是豆、粟中的某一种,后来逐渐错传它们的名称,这都是难以知晓的。

现在的芝麻味道好、用途大,即使把它摆在百谷的首位也不过分。大麻籽粒榨不出多少油,麻皮做成的又是粗布,它的价值有多大?芝麻只要有少量进了肚子,很久都不会饿。糕饼、糖果上粘点芝麻,就会味道好而品质高。芝麻榨成了油,抹在头发上能使头发有光泽,吃了能增加脂肪,拌炒腥膻食物能去腥臊而生香味,涂在毒疮上还能解毒。农家若能多种些芝麻,那好处是说不尽的。

种植芝麻的方法,有的是在园圃起畦,有的是在田里培垄。先把土块尽量打碎,把杂草除净,然后用有点湿的草木灰拌匀芝麻种子来撒播。早的在三月份下种,晚的则要在大暑前。早种的芝麻也要到中秋才能开花结实。除草全靠用锄。芝麻有黑、白、红三种颜色。所结的蒴果长约一寸,角房有四棱的,空间小而粒少;有八棱的,空间大而粒多。这都是由于土质肥瘠所造成的,并不是品种的原因。每石芝麻可榨油四十多斤,剩下的枯渣用来肥田。如果碰上饥荒的年份,就留给人吃。

菽

豆子的种类与稻、黍的种类一样繁多,播种和收获的时间,在一年四季中接连不断。人们将豆子视为日常饮食中始终离不开的重要食品。一种是大豆,有黑、黄两种颜色,播种期在清明节前后。黄色的有“五月黄”“六月爆”和“冬黄”三种。“五月黄”产量低,“冬黄”则要比它高一倍。黑豆一定要到八月才能收获。淮北地区长途运载货物的骡马,一定要吃黑豆,才能筋强力壮。

大豆收获的多少,要看土质的好坏、锄草勤与不勤以及雨水是否充足。加工豆豉、豆酱和豆腐都是用大豆做原料。江南还有一种叫作“高脚黄”的大豆,是等到六月割了早稻后才种的,九、十月便可收获。江西吉安一带种大豆的方法很巧妙:收割后的稻茬田竟不翻耕,而在每蔸稻茬中用手指拈着三四粒种豆插进去。稻茬所凝聚的露水滋润着种豆,豆子胚芽长出以后,又有浸烂的稻草根来滋养。豆子生出苗儿后,遇到干旱无雨的天气,就每蔸浇灌一升水。浇水以后,再除草一次,就可以获得丰收了。大豆播种后没发芽之时,要防避鸠雀祸害,这就得有人去驱赶。

一种是绿豆，像珍珠一样又圆又小。绿豆必须在小暑时才能播种，没到小暑时节就下种，豆苗会蔓生至好几尺长，结的豆荚却非常稀少。如果过了小暑甚至到了处暑时才播种，那就会随时开花结荚，结的豆粒也会少。绿豆的品种也有两个，一种叫作“摘绿”，其豆荚先老的先摘，人们每天都要摘取。另一种叫作“拔绿”，是要等到田里的豆子全都成熟时再一起收获的。将绿豆磨成粉浆，澄去浆水，晒干成淀粉，就可以做粉皮、粉条，那是人们珍贵的食品。做豆粉剩下的粉浆水用来浇灌田地，肥效很高。储藏绿豆种子，有的人用草木灰、石灰、马蓼，有的人用黄土拌种后再收藏，那就到四五月间也不用担心被虫蛀。勤快的人每逢晴天就把绿豆拿出来晒晒，这样也能避免虫蛀。夏秋两季在已经收割后的稻田里种绿豆，必须使用接长了柄的斧头，将土块打碎，这样才能长出较多的苗。

绿豆播种后一天之内若遇上大雨，土壤就会板结而再也长不出豆苗。绿豆已长出苗了，就要防止雨水浸泡，及时疏通田里的水沟将水排出。凡是耕垦种绿豆和大豆的田土，要耕得浅，不能太深。因为豆子是根短苗直的作物，耕土过深的话，土块会把豆芽压弯，就将有半数豆芽长不出来。可见，“深耕”二字并不适用于豆类，这是过去的农民所不曾发现的。

一种是豌豆，这种豆有黑斑点，形状圆圆的有点像绿豆，但又比绿豆大。十月播种，第二年五月份收获。春天出叶晚的落叶树下也可以种植。

一种是蚕豆，它的豆荚像蚕形，豆粒比大豆要大。八月下种，第二年四月收获。浙江西部地区普遍都是在桑树下种植蚕豆。一般来说，农作物被树叶遮盖就长不好，但蚕豆和豌豆等到树叶繁茂时，却已结荚长成豆粒了。在湖北襄河、汉水上游一带，蚕豆很多而且价格便宜，当作粮食来饱肚子，其功用并不比黍稷小。

一种是小豆，红小豆入药有很奇特的疗效，白小豆（也叫饭豆）可以作为下饭的美味。小豆夏至时播种，九月份收获，大量种植在长江、淮河之间的地区。

一种是穞豆，这种豆古时候是野生在田里的，现在北方已经大量种植了。用来做淀粉、粉皮，可以抵得上绿豆。北京的小商贩整天叫卖“穞豆皮”，可见它的产量一定是很多的了。

一种是白扁豆，它是沿着篱笆蔓生的，也叫蛾眉豆。

其他如豇豆、虎斑豆、刀豆，与大豆中的青皮、褐皮等品种，仅在个别地方有种植，就不能一一详尽叙述了。这些豆类都是黎民百姓用来充当蔬菜或代替粮食的，广知各种事物的读书人，怎么能够忽视它们呢！

第二章　乃服

宋先生说：人是万物的灵长，各种器官和肢体都长得很完备。高贵的人穿着绣有山、龙等图案的华服治理天下，穷苦的百姓穿着粗麻布衣服，冬天用来御寒，夏天借以遮掩身体，以此与禽兽相区别。那些衣服的原料都是自然界所提供的。其中属于植物的有棉、大麻、苘麻、葛，属于禽兽昆虫的有裘皮、毛、丝、绵。二者各占一半，做衣服足够了。

如同天上的织女使用的那样巧妙的纺织技术，已经传到了人间。人们从原材料中纺出带有花纹的布匹，又经过刺绣、染色而造就华美的锦缎。尽管织机普及天下，但是真正见识过花机巧妙的人又有多少呢？像“治乱”“经纶”这些词的原意，文人学士们自小就学习过，但他们终其一生都没有见过它的真实形象，难道这不是学者们的缺憾吗？现在我先列举养蚕的方法，让大家知道丝是从哪里来的。大概人和衣服相互映衬，华贵与贫贱区分清楚，这也是上天自然形成的吧。

蚕　种

蚕由蛹变成蚕蛾，需要经过约十天的时间才能破茧而出，雌蛾和雄蛾数量大致相等。雌蛾伏着不活动，雄蛾振动两翅飞扑，遇到雌蛾就交配，交配半天甚至一天才脱身。分开之后，雄蛾因体内精力枯竭而死，雌蛾立刻就开始产卵。用纸或布来承接蚕卵，各地的习俗有所不同。（嘉兴和湖州使用桑皮做的厚纸，第二年仍然可以再使用。）一只雌蛾可产卵二百多粒，产下的蚕卵会自然地粘在纸上，一粒一粒均匀铺开，天然地没有一处堆积。养蚕的人把蚕卵收藏起来，等待第二年用。

蚕　浴

对蚕种进行浸浴的只有嘉兴、湖州两个地方。湖州多采用天露浴法和石灰浴法，嘉兴则多采用盐水或卤水浴法。每张蚕纸用从盐仓流出来的卤水约两升掺水倒在一个盆盂内，纸会浮在水面上。（石灰浴仿照此法）每逢腊月十二就开始浸种，浸到二十四日，共计十二天，到时候就把蚕纸捞起，用微火将水分焙干。（见图 2 - 1）从这时候起，就要小心保管在箱子、盒子里，不让蚕种受半点风寒湿气，一直等到清明节时才取出蚕卵进行孵化。采用天露浴法的，时间与上述方法相同。将蚕纸摊开平放在屋顶的竹篾盘上，将蚕纸的四角用小石块压住，任凭霜雪、风雨、雷电，放满十二天后再收起来。珍藏起来等到时候再用的方法如前面说的一样。大概低劣孱弱的蚕种经过浴种就会死掉不出，因而不会浪费桑叶，而且这样处理后蚕吐丝也多。对于一年中孵化、饲养两次的晚蚕则不需要浴种。

图 2-1　蚕浴

种　忌

装蚕种的纸，是用四根竹棍或者木棍做成的方架，将方架挂在高高的通风避阳光的梁枋上，方架下面应避免桐油、煤烟火气。冬天则要避免雪光映照，因为蚕卵一经雪光映照就会变成空壳。遇到下大雪时，就要赶紧将蚕种收藏起来，第二天雪停了以后，依旧悬挂起来，一直等到十二月浴种之后再进行收藏。

种　类

蚕分早蚕和晚蚕两种，晚蚕每年比早蚕先孵出五六天（四川的蚕不同）。结茧也在早蚕之前，但它的茧约比早蚕的茧轻三分之一。若早蚕结茧时，晚蚕已经出蛾产卵，就可以用来继续喂养。（晚蚕的蚕蛹不能吃）用三种不同方法浸浴的蚕种，无论采用其中哪一种都要认真记准原来的标记。一旦弄错了，例如将天露浴的蚕种放到盐卤水中进行盐浴，那么蚕卵就全都会变空壳，出不了蚕。茧的颜色只有黄色、白色两种，四川、陕西、山西、河南有黄色的茧而没有白色的茧，嘉兴和湖州有白色的茧而没有黄色的茧。如果将白色茧的雄蛾和黄色茧的雌蛾相交配，那它们的后代就会结出褐色的茧。黄色的蚕丝如果用猪胰漂洗，也可以变成白色，但终究不能漂成纯白，也不能染上桃红色。

茧的形状也有几种。晚蚕的茧结成束腰的葫芦形，经过天露浴的蚕茧尖得像榧子形，也有圆扁得像核桃形的。还有一种不怕吃带泥土的桑叶的蚕，名叫"贱蚕"，吐丝反而会比较多。

蚕的体色有纯白、虎斑、纯黑、花纹几种，吐丝都是一样的。现在的贫苦人家有用雄性早蚕蛾与雌性晚蚕蛾相交配而培育出良种的，也是一种奇异的事。柞树上的野蚕不用人工饲养而能自己结茧，产于山东的青州、沂水等地，树老叶黄时就自然会长出野蚕蛾。用这种蚕吐的丝织成的衣服，能防雨且耐脏。野蚕蛾钻出茧后就能飞走，不在蚕纸上产卵传种。别的地方也有野蚕，只是稀少罢了。

抱　养

清明节后三天，蚕卵不必依靠衣被的遮盖保暖就可以自然生出蚕来。蚕室的位置最好是面向东南方，蚕室周围的墙壁要用纸糊住透风的缝隙，房顶上如果没有顶棚的就要装上顶棚，若天气寒冷温度低，蚕室内就要用炭火加温。喂养初生的蚕宝宝，要把桑叶切成细条。切桑叶的砧板要用稻麦秆捆扎，这样就不会损坏刀口。摘回来的桑叶要用陶瓮、陶坛子装好，不要让风吹干枯了。

蚕在二眠第二次脱皮以前，腾筐的方法都是用尖圆的小竹筷子把蚕夹过去。二眠以后就不必用竹筷子，可以直接用手指拈捡了。腾筐次数的多少关键在于人是不是真的勤劳。如果人懒得腾筐，堆积的残叶和蚕粪太多，就会湿热气蒸，多半会把蚕压死。蚕进入眠期，总是要先吐丝。在这个时候腾筐，必须把零碎的残叶拣除干净。如果还有粘着丝的残叶留下来的话，蚕觉醒之时，哪怕只吃一口残叶也会得病胀死。三眠过后，如果天气炎热，就要急忙把蚕搬到宽敞凉爽的房间里，但也忌受风。大眠之后，要喂食十二餐桑叶之后再腾筐，腾筐次数太多，蚕吐的丝就会粗糙。

养　忌

蚕害怕香味，又害怕臭味。如果烧骨头或掏厕所的臭味顺风吹来，接触到蚕，往往会把蚕熏死。隔壁煎腌鱼或不新鲜的肥肉之类的气味也能把蚕熏死。灶里烧煤炭，香炉里燃沉香、檀香，这些气味接触到蚕时也会把蚕熏死。懒妇的便桶摇动时散发出的臭气，也会损伤蚕。若是刮风，蚕就特别怕西南风，西南风太猛了，有满筐的蚕都得了僵蚕病的。每当臭气袭来时，要赶紧烧起残桑叶，用桑叶烟来抵挡臭气。

叶　料

桑树无论哪种土壤条件都可以生长。浙江嘉兴和湖州用压条的方法培植桑树，选当年桑树的侧枝用竹钩坠挂，使它逐渐接近地面，到了冬天就用土压住枝条，第二年春天，枝条的每个茎节都会生根入土，这就可以剪开来进行移植了。用这种方法培植的桑树，养分都会聚积在叶片上，不再开花结果(葚)了。为了便于剪摘桑树叶子，可以在桑树长到七八尺高的时候，就截去它的树尖，以后繁茂的枝叶就会披散下来，可以随手扳枝摘取，而不必登梯爬树去采叶了。此外还有用种子种的桑树，立夏时紫红色的桑葚果子成熟了，摘下来后用黄泥水搓洗，然后连水一块浇灌在地里，当年秋天就可以长到一尺多高。第二年春天进行移栽时，如果浇水施肥勤劳些，枝叶就容易长得茂盛。但其中也有开花结果的，叶子就又薄又少。还有一种桑树名叫花桑，叶子太薄不能用，但这种桑树通过嫁接也能长出厚叶。

另外还有三种柘树的叶子(又名黄桑叶)，可以弥补桑叶的不足。柘树在浙江并不常见，而在四川最多。贫寒人家饲养浙江蚕种，桑叶不够用时，也让蚕吃柘树叶，同样能够将蚕喂养大。琴弦、弓弦的丝弦都是采用喂柘叶的蚕所吐的丝，用柘叶饲养的蚕所结的茧名叫“棘茧”，据说这种丝最为坚韧。

采摘桑叶必须用剪刀，出自嘉兴桐乡的铁剪刀最为锋利，其他地方出产的都没有桐乡的那么锋利。桑树如果剪枝得法，第二个月新生枝条的叶子会更加茂盛，采摘的叶子多了，人们采剪就更为方便。再生枝条的桑叶，农历五月份便可用来喂养晚蚕，那时就只采摘桑叶而不再剪枝了。第二茬桑叶摘取后，第三茬叶子到秋天又会长得很茂盛，浙江人听任它经霜自落，然后将落叶全都收拾起来饲养绵羊，可大大地获得剪取羊毛制作羊绒毛毡的收益。

食　忌

蚕到大眠以后，就可以直接吃潮湿的桑叶了。下雨天摘来的桑叶，也可以随便放在地上拿来给它吃；天晴时摘来的桑叶，还要用水洒湿后再去喂蚕，这样吐出的丝才更有光泽。但在还没有到大眠的时候，雨天摘来的桑叶要用绳子悬挂在通风的屋檐下，经常抖动绳子，让风吹干。若是用手掌轻轻拍干的，叶子就会发焦而不滋润了，将来蚕吐的丝也就会干枯，而且没有什么色泽。养蚕喂叶时，一定要让蚕在睡眠前能吃饱吃足，蚕睡醒之后，即使推迟半天喂桑叶也没什么妨碍。雾天里潮湿的桑树叶子对蚕的危害很大，因此一旦早晨有雾，就一定不要去采摘桑叶。等雾收散后，无论晴雨都可以剪摘了。带露水的桑叶要等太阳出来把露水晒干后再进行剪摘。

病　症

蚕在卵期受的病害，已经在前面谈过了。蚕卵孵化出来后要防止湿热、堆压，这关键在于养蚕人的护理。蚕初眠腾筐时，若用漆盒装的，就不要盖上盖，以便于水分蒸发。当蚕将要发病的时候，胸部透明发亮，全身发黄，头部渐渐变大而尾部慢慢变小；此外，有些蚕在该睡眠的时候仍然游走不眠，吃的桑叶又不多，这都是病将发作的表现。应立即挑拣出去扔掉，莫让它传染败坏蚕群。健康而色泽美好的蚕一定会在叶面上睡眠，压在桑叶下面的蚕，不是体弱，就是懒于活动的，所结的蚕茧也薄。作茧、吐丝都不按规则章法而是胡乱吐丝结成松散丝窝的蚕，是不正常的蚕，并非懒于活动的蚕。

老　足

蚕吃够了桑叶即将成熟的时候，要特别注意抓紧时间捉蚕结茧。蚕卵孵化的时间一般在辰时(上午七时到九时)和巳时(上午九时到十一时)，所以蚕发育成熟而结茧也多在这两个时辰。老熟的蚕胸部下边两侧的丝腺透明，捉时若尚未成熟，嫩一分的话，吐丝就会少些。如果捉得过老一分，因为蚕已吐掉一部分丝，茧壳就必然会薄。捉蚕的人眼睛分辨蚕的水平要高，能够做到一只都不捉错才算最好。（见图 2－2）体色黑的蚕老熟了也看不见身体透明的部分，因此最难辨捉。

图 2－2　老足

结　茧　山箔具图

处理蚕所结的茧必须像嘉兴、湖州人所做的那样，才是最好的办法。其他地方都不知道怎样用炭火加温，而是任由蚕随便吐丝、四处结茧，甚至秆之内、箱匣之中都结茧，可见不经火烘，就不会通风透气。因此用那种方法织成的屯溪、漳州等地的绢，河南、四川等地的绸，都容易朽烂。若用嘉兴、湖州产的蚕丝做衣服，即使放在水里洗上一百多次，丝质还是完好的。嘉兴、湖州的做法是，削竹篾编成蚕箔，在蚕箔下面横架木料搭成离地约六尺高的架子，地面摆放炭火(防止炭爆出)。前后左右每隔四五尺就摆放一盆火。(见图2-3)蚕开始到山箔上结茧时,火力稍微小一些,这样就可以引诱蚕结茧,因为蚕喜欢暖和,马上就会开始结茧,不会再到处爬动。

当茧衣结成之后,每盆炭火再添上半斤炭以升温,这可让蚕吐出的丝随即干燥,这种丝也就能经久不坏。供蚕结茧的房间不宜用楼板遮盖,因为结茧时下面要用火烘,而上面需要通风。凡是火盆正顶上的蚕茧不能用作蚕种,取种要用离火偏远的。蚕箔上的山簇,是用切割整齐的稻秆或麦秸随手扭结而成的,垂直插放在蚕箔上。做山箔的人最好是手艺纯熟的。蚕箔编得稀疏的,可以在上面略铺一些短稻草秆,以防蚕掉到地下或火盆中。

图2-3 山箔

取　茧

蚕爬上山箔结茧三天，就可以拿下蚕箔取茧（见图 2－4）。蚕茧壳外面的浮丝名叫丝匡（茧衣），湖州的老年妇女用很便宜的价钱买了回去（每斤约一百文钱）。用铜钱坠子做纺锤打成线，织成湖绸。除去浮丝以后的蚕茧，必须摊在大盘里的架子上，准备缫丝或者造丝绵。如果用橱柜、箱子装盖起来，就会因湿气郁结不好疏解而造成断丝。

图 2－4　取茧

物　害

危害蚕的动物，有麻雀、老鼠、蚊子等。麻雀危害不到茧，蚊子危害不到早蚕，老鼠的危害则始终存在着。预防和消除物害的办法是多种多样的，只能随人施行。（蚕吃了沾有麻雀屎的桑叶，会立即死亡、腐烂。）

择　茧

取丝缫丝用的蚕茧，必须选择茧形圆滑端正的独茧，这样缫丝时丝绪就不会乱。如果是双宫茧（即两条蚕共同结的茧）或由四五条蚕一起结的同宫茧，就应该挑出来造丝绵。（见图2-5）如果用来缫丝，丝就会很粗。

图2-5　择茧

造　绵

双茧和缫丝中剩在锅底的碎丝断茧，以及种茧出蛾后的茧壳，都是丝绪已断乱而不能再用来缫丝的，只能用来造丝绵。将这些只能造丝绵的蚕茧用稻草灰泡的水煮过(不宜用石灰水),倒在清水盆内。将两个大拇指的指甲修剪干净,用拇指顶开四个蚕茧,套在左手的其余四个指头上,每个指头连续套入四个蚕茧后,用拳头把它们顶开,这样每次用一只手的四个指头可顶开十六个蚕茧,然后用小竹弓敲打。这就是庄子所说的"洴澼絖(píngpìkuàng)"。

湖州的丝绵特别洁白、纯净,那是由于造丝绵的人手法巧妙。往竹弓上套茧时,必须动作敏捷,带水拉开。如果动作稍慢一点,水已流去,丝绵就会板结成块,导致不能完全均匀地拉开,颜色看起来也就不纯白了。缫丝剩余的绵,叫作锅底绵,把这种丝绵装入衣被里制成丝绵衣服和被子用来御寒,叫作挟纩。制作丝绵的工夫要比缫丝所花的工夫多八倍,一人劳动一整天也只能得四两多丝绵。用这种丝绵坠打成线织成的湖绸,价格很贵。用这种丝绵线在提花机上织出来的产品叫作花绵,价格更贵。

治丝 缫车具图

煮茧抽出生丝的过程,第一步就是要制作缫车,缫车的尺寸、部件及其组合构造都列在后面的附图上。缫丝时首先要将锅内的水烧得滚开,把蚕茧放进锅中,生丝的粗细取决于投入锅中的蚕茧的多少,一个人劳累一整天,可以取到三十两丝。如果是织造包头巾的丝,就只能得到二十两,因为那种丝缕既细又长。织绫罗用的丝,一次要投进蚕茧二十个,而织造包头巾的丝,只需投进去十几个。当煮蚕茧的水滚沸的时候,用竹签拨动水面,丝头自然就会出现。(见图 2 - 6)将丝头提在手中,穿进竹针眼,先绕过星丁头(缫车上起导丝作用的滑轮,用竹棍做成,如香筒的形状),然后用送丝竿钩挂着连接到绕丝的大关车上。(见图 2 - 7)遇到断丝的时候,只需找到丝绪头搭上去,不必绕接原来的丝。

(见图 2－8)为了使蚕丝在大关车上排列均匀而不致堆积在一起，送丝竿和脚踏摇柄要相互配合好。(见图 2－9)四川的缫丝车制作稍有不同，那种制作方法是把支架横架在锅上，两人面对面在锅中寻找丝绪头，一次牵引上四五缕丝上车，然而，这种方法终究不如湖州制造的缫车那样完善。

供缫丝用的柴火，要选择非常干燥且无烟的，这样丝的色泽才不会受损。使丝质量美好的办法有六字口诀：一是“出口干”，即蚕结茧时用炭火烘干；一是“出水干”，就是把丝绕上大关车时，用盆装四五两炭生火，放在离大关车五寸左右的地方。当大关车旋转如飞时，丝一边转一边被火烘干，这就是口诀中所说的出水干(如果是晴天又有风，就不用炭火了)。

图 2－6　缫车一

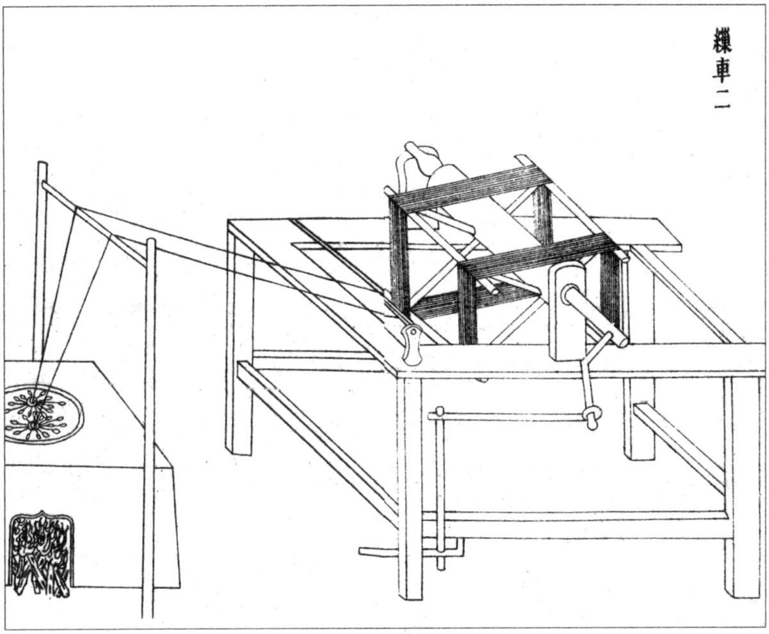

图 2-7　缫车二

图 2-8　治丝一

图 2-9　治丝二

调　丝

准备织丝的时候，首先要调丝[将丝绕在籰(yuè)子上]。(见图2－10)调丝要在屋檐下光线明亮的室内进行，将木架平放在地上，木架上直立四根竹竿，这器具名叫络笃。蚕丝缠绕在四根竹竿上，在络笃旁边靠近立柱八尺高的上面，用铁钉固定一根斜向的小竹竿，上面装一个半月形的挂钩，将丝悬挂在钩子上，手里拿着络丝的大关车旋转绕丝，以备牵经和卷纬时用。小竹竿的一头垂下一个小石块为活头，连接断丝时，一拉小绳，小钩就落下来了。

图2－10　调丝

纬　络　纺车具图

蚕丝用绕丝棒绕上大关车后，就可以做经线和纬线了。经线用的丝少，纬线用的丝多，每十两丝，大约要用经线四两、纬线六两。绕到大关车上的丝，先用水淋湿浸透，再摇动大关车转锭将丝缠绕在竹管上(竹管是用小箭竹做的)。(见图 2－11)

图 2－11　纺车

经　具　溜眼、掌扇、经耙、印架皆具图

丝绕在大关车上之后，就可以牵拉经线准备织造了。在一根直竹竿上钻出三十多个孔，穿过那些名叫“溜眼”的篾圈。把这条竹竿横架在柱子上，丝通过篾圈再穿过“掌扇”，然后缠绕在经耙上。当达到足够的长度时，就用印架卷好、系好。捆卷好之后，中间用两根交棒把丝分隔成一上一下两层，然后再穿入定幅的梳筘(kòu)里面(这个梳筘不是织机上的织筘)。穿过梳筘之后，把经轴与印架相对拉开五丈到七丈远。蚕丝需要上浆的，就在这个时候上浆。有的不

需要浆丝，就可以直接卷在经轴上，经线穿过综眼就投梭织造了。（见图 2－12）

图 2－12　溜眼、掌扇、经耙

过　糊

浆丝用的糊要用揉面筋沉下的小麦粉为原料。织薄纱和质地稀疏的罗用的丝必须要过浆，织厚一点的绫、绸的丝则可以浆，也可以不浆。有些纱染色后失去原来特性的，就要用牛胶水来浆，这种纱叫清胶纱。浆丝的糊料要放在梳箝上，来回推移梳箝使丝浆透，放干。如果天气晴朗，丝很快就能干，阴天时就要借风力把丝吹干。（见图 2－13）

图 2-13　印架、过糊

边　维

丝织品不管是厚的绫还是薄的罗，都要另外牵边，两端都要各牵引丝二十多根。边丝必须上浆，用筘推移梳干。绫罗的经丝，每三十丈或五六十丈穿一次筘，这样就可以减少穿筘的繁忙和辛苦。丝的长度每够一匹的时候就应该用墨在边丝上留个记号，就知道那儿已织够一匹了。边丝不必绕在经轴上，而要另外绕在织机的横梁上。

经　数

凡织丝织品，薄一点的纱、罗用的筘以八百个齿为标准。织厚一点的绫、绢用的筘则以一千二百个齿为标准。每个筘齿中穿引上过浆的经线，每四根合成两股，罗、纱的经线共计三千二百根，绫、绸的经线总计五六千根。古书上记载每八十根为一升，现在较厚的绫、绢也就是古时所说的六十升布。织带花纹的丝织品必须用浙江嘉兴、湖州两地在结茧和缫丝时都烘干了的丝作为经线，这种经线可以任意提拉，不必担心断了要再接。其他地区的丝即使能勉强当作提花织物，也是草率而不精致的。

花机式 具全图

提花机整个的长度约一丈六尺，其中高高耸起的是控制经线的花楼，中间托着的是调整经线的衢盘，下面垂着的是使经线复位的衢脚（用加水磨光滑的竹棍做成，共有一千八百根）。在花楼的正下方挖一个约两尺深的坑，用来安放衢脚（如果地底下潮湿，就可以架两尺高的棚来代替）。提花的小杂工，坐在花楼的木架子上。花机的末端以的杠（经轴）卷丝，中间用两根打筘的叠助木，垂直穿接两根约四尺长的木棍，木棍尖端分别插入织筘的两端。（见图 2－14）

织纱、罗的叠助木比织绫、绢的要轻十多斤才算好。素罗不用起花纹，而在软纱、绫、绢上织出波浪纹和梅花等小花纹，则要比织素罗多加两片综框。由一个人踏织就可以了，不用一个人闲坐在提花机的花楼上，也不用设置衢盘与衢脚。花机的形制分为两段，前一段水平安放，自花楼朝向织工的一段，向下倾斜一尺多，这样叠助木的力量就会大些。如果织包头纱一类的细软织物，就要另外安装平的不倾斜的花机。在工人坐的地方装上两个脚架，因为那种织包头纱的丝很细，要防止和遏制叠助木的冲力过大。

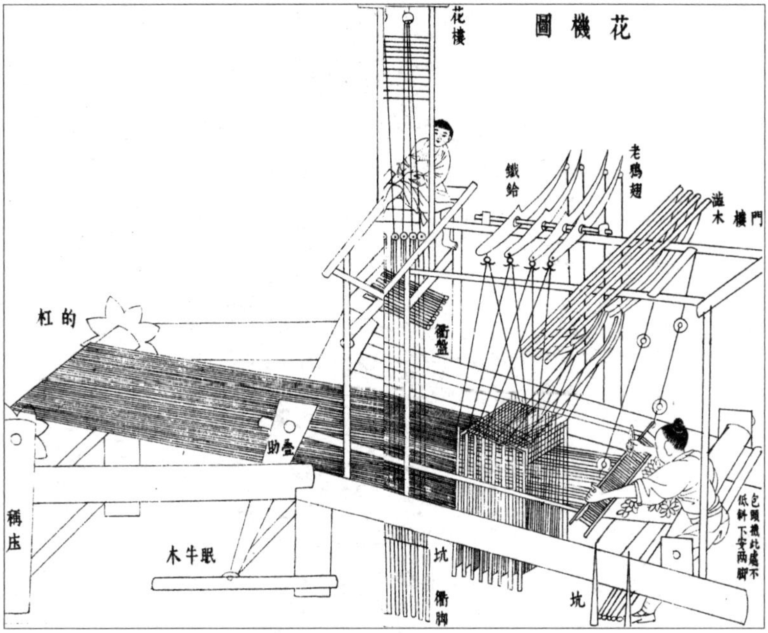

图 2-14　花机图

腰机式　具图

凡是织"杭西""罗地"等绢,"轻素"等绸,"银条""巾帽"等纱,都不必使用提花机,而只要用小织机就可以了。织匠用一块熟皮当靠垫,操作时全靠腰部和臀部用力,所以又叫作腰机。(见图 2-15)各地织葛、苎麻、棉布的,用这种织机,织品就会更加整齐结实且有光泽,只可惜这种机器的织法至今还没有传得很广。

图 2－15　腰机图

结花本

结织花纹纹样的工匠，心智最为精细巧妙。无论画师先画什么样的图案在纸上，结织花纹纹样的工匠都能用丝线按照画样仔细量度，精确细微地计算分寸而编结出织花的纹样来。织花的纹样张挂在花楼上，即便织工不知道会织出什么花样，只要穿综带经，按照织花的纹样的尺寸、度数，提起纹针，穿梭织造，图案上的花纹就会呈现出来。绫绢是以突起的经线来形成花样的，纱罗是以绞纠纬线来形成花样的。织绫绢是投一梭提一次衢脚，织纱罗是来梭时提，去梭时不提。天上织女的那种纺织技术，现在人间的巧匠已具备了。

穿　经

将蚕丝穿过综再穿过织筘，必须四个人前后排列坐着操作。负责穿筘的人手拿引丝过筘的筘耙先插入筘齿，等对面的人把丝递过来准备接丝。等丝经过筘后，就用两个手指捏住，每穿好五十到七十个筘齿，就把丝合起来打一个结。丝之所以不乱的奥妙，全在将丝分开的交竹上。若是接断丝，就把丝扯拉一下，这样丝就会伸长几寸。打上结后，那些丝仍会回缩到原来的长度，这是丝本身就具有的奇妙的弹性。

分　名

罗这种丝织物，中间有一小列纱孔排成横路，用来透风取凉，织造的关键全在于织机上用软线做的绞综。绞综的两扇衮(gǔn)头打综织成平纹，一软一硬。一般织五梭或者三梭(最厚的织七梭)之后，提起绞综，自然就会使经丝绞起纱孔，形成网眼而不粘连。如果一直织下去，不排成横路而显得稀疏的，就叫作纱，织纱的关键也在于绞综的两扇衮头上。至于织花绫绸，就要去掉绞综的两扇衮头，而改用辘踏牵动的八扇桄综。

用左、右手捻着丝线一梭一梭地交互织成的丝织品，叫作绉(zhòu)纱。经线单起单落织成的叫作罗地，双起双落织成的叫绢地，五根经线一起织成的叫绫地。花织物分平纹地与绫纹地两种结构，绫纹地光亮，而平纹地较暗。先染丝而后织的，叫作缎(北方叫作屯绢的，也是先染色)。在丝织机上织时，若两梭平纹，一梭起绞综，形成空疏横路的，叫作秋罗。这个织法是近代才出现的。江苏南部和浙江的秋罗，福建、广东的熟纱，都是官绅用来做夏服的；屯绢则是不够资格穿锦绣的地方官、小官所用的。

熟　练

丝织品织成以后还是生丝，要经过煮练之后，才能成为熟丝。煮练丝织品是用稻秆灰加水一起煮，并用猪胰脂浸泡一晚，再放进水中洗涤，这样丝色就能很光亮。如果是用乌梅水煮的，丝色就会差些。用早蚕的蚕丝为经线，晚蚕的蚕丝为纬线，煮过以后，每十两会减轻三两。若经纬线都用的是上等的早蚕丝，那么十两只减轻二两。丝织品煮过之后要用热水洗掉碱性并立即绷紧晾干，然后用磨光滑了的大蚌壳，用力将丝织品整个儿地刮一遍，使它现出光泽来。

龙　袍

为制作上供给皇帝用的龙袍，本朝（明朝）在苏州和杭州两地设有织染局。织龙袍的织机，花楼高达一丈五尺，由两个技术精湛的织造能手拿着设计好的花样提花，每织成几寸以后，就变换织成另一段龙形的图案。一件龙袍要由几部织机分段织出拼合而成，而不是出自一人之手。所用的丝要先染成赭（zhě）黄色，所用的织具本来没有什么特别不同，但织工须小心谨慎，工作繁重，人工和成本是一般丝织品的几十倍，以此表达对朝廷忠诚敬重的心意。至于织造过程中的许多细节，就无法详细考察明白了。

倭 缎

倭缎（漳绒）的制作起源于日本，由福建漳州、泉州等沿海地区效法仿造。织倭缎的丝来自四川，由商贩从远隔万里的四川运过来，以此换买胡椒回去卖。这种倭缎的织法也是从日本传来的。先用已染色的蚕丝作为纬线，再将截裁的铜线夹织到经线之中，织成数寸之后，用刀刮成黑光。当时北方的少数民族在互市贸易时一见到这种绒缎就很喜欢。但是这种丝织品最容易弄脏，用它做的帽子容易积聚灰尘，用它织成的衣服，衣领上的绒毛也容易随着时日破损。因此现在我国各民族都不喜欢它，将来这种倭缎一定会被抛弃，织法可以不再流传了。

布 衣 赶、弹、纺具图

用棉和布来御寒，不分贵贱。棉花在古书中被称为枲（xǐ）麻，全国各地都有人种植。棉花有木棉和草棉两种，花也有白色和紫色两种颜色。其中种白棉花的占了十分之九，种紫棉花的约占十分之一。棉都是春天下种，秋天结棉花，先裂开吐絮的棉桃先摘回，而不是所有的棉桃同时摘取。棉花里的棉籽是同棉絮粘在一起的，要将棉花放在赶车上将棉与籽分离。（见图 2－16）棉花去籽以后，再用悬弓来弹松（见图 2－17）。（作为棉被和棉衣中用的棉絮，就加工到这一步为止。）棉花弹松后用木板搓成长条（见图 2－18），再放到纺车上纺成棉纱，然后绕在大关车上就可牵经织造了。（见图 2－19、图 2－20）熟练的纺纱工，一只手能同时握住三个纺

锤，把三根棉纱纺在锭子上。（棉纱织得太快就不结实）

各地都生产棉布，但棉布织得最好的是松江，浆染得最好的是芜湖。棉布的纱缕纺得紧就结实耐用，纺得松就易脆裂。碾石要选用江北那种性冷质滑的（好的每块能值十多两银子）。用这种碾石碾布时不容易发热，而且纱线紧密而不松散。芜湖的大布店最注重用这种好碾石。南方广东是棉布集中的地方，但广东人偏要用远地出产的碾石，必定是他们之前试用过。正如人们浆洗旧衣服，也喜欢放在性冷的石砧上捶打，道理也是如此。

朝鲜棉布的织布方法与此相同，只有西洋的棉布还没有研究过，也不了解那里的机织技术。棉布上可以织出云花、斜纹、象眼等花纹，都是仿照花机的丝织品花样织出的。但既然叫作布衣，用最朴实的织法也就行了。每十户人家之中必定有一架织机，也就不必附图了。

图 2-16　赶棉

图 2-17　弹棉

图 2-18　擦条

图 2-19　纺缕图一

图 2-20　纺缕图二

枲　著

做棉衣、棉被御寒，一百个人中大概只有一个人用丝绵，其余的都是用棉絮。古代的棉袍，今天人们俗称胖袄(棉袄)。棉花既已弹松，就可以按照衣服的式样把棉花装进去。新装的棉衣、棉被穿盖起来既轻柔又暖和，但穿久了就会变得板结紧实，渐渐不保暖了，这时可将棉花取出来弹松软，重新装制，又会变得像原来一样暖和。

夏　服

苎麻是没有哪个地方的土不能生长的。种植苎麻的方法有撒播种子和分株种植两种。(安徽贵池地区每年都用草粪堆在苎麻根上，麻根随着压土而长高。广东的青麻是播撒种子在田里种植的，生长得非常茂盛。)苎麻颜色有青色、黄色两种。每年有收割两次的，也有收割三次的，绩麻织成布后可以用来做夏天的衣服和帐幕。

苎麻皮刮剥下来后，最好在太阳下晒干，因为它见了水就会腐烂。撕破分开成纤维时要先用水浸泡，但是也只能浸泡四五个小时，时间久了不分开就会烂掉。苎麻本来是淡黄色的，经过漂洗后会变成白色。(先用稻草灰、石灰水煮过，再放到流水中漂洗，然后晒干，就会变得特别白。)一个熟练的纺苎纱能手使用脚踏纺车，能相当于三个普通纺工，但破开麻皮撕成纤维，一个人干一整天也只能得麻三五铢重。织麻布的机具与织棉布的相同。缝布衣的线，绱(shàng)皮鞋的串绳，都是用苎麻搓成的。

葛藤是蔓生的，它的纤维比苎麻的要长几尺。葛皮破析得很细的纤维织成的布很贵重。还有一种苘(qǐng)麻，织成的布很粗，最粗的用来做丧服用。就是那苎麻布也有极粗的，供油漆工包油灰，皇宫里用它来制作火炬。还有一种蕉纱，是福建人用芭蕉皮破析后缝成的，轻盈纤细得很，价格低而纱缕质地稀薄，不能用来做衣服。

裘

凡是用兽皮做的衣服，统称为“裘”。贵重的有貂皮、狐皮等，便宜的有羊皮、麂（jǐ）皮等，裘的价格等级可分上百种。貂产于关外辽东、吉林等边远地区，直到朝鲜国一带。貂喜欢吃松子，那里少数民族中捕貂的人，夜里躲藏在树下悄悄守候，伺机射取。一张貂皮还不到一尺见方，要用六十多张貂皮连缀起来才能做成一件皮衣。穿着这种貂皮衣的人站在风雪中，比待在屋里还暖和。遇到灰沙进入眼睛，用这种貂皮毛一擦就抹出来了，所以十分贵重。貂皮的颜色有三种，一种是白色的，叫作“银貂”，一种是纯黑的，一种是暗黄色的。（近来一顶黑色的、毛较长的貂皮帽套，已能值五十两银子了。）狐狸和貉（hé）也产在河北、山东、辽宁和河南等地。纯白色的狐腋下皮的皮衣价钱和貂皮差不多，黄褐色的狐皮衣价是貂皮衣的五分之一，御寒保暖的功效比貂皮要差些。关外出产的狐皮，拨开毛露出的皮板是青黑色的，中原地区出产的狐皮把毛吹开露出的皮板是白色的，用这种方法可以区分优劣。

羊皮衣的话，老羊皮价格低贱，羔羊皮价格贵重。孕育在胎中而未生出来的羊羔叫“胞羔”（皮上略有一些毛纹），刚刚出生的叫作“乳羔”（皮上的毛卷得像耳环的钩脚一样），三个月大的叫作“跑羔”，七个月大的叫作“走羔”（毛纹逐渐变直了）。用胞羔、乳羔做皮衣没有羊膻气。古时候，羔羊皮只给士大夫做衣服，而现今西北的地方官吏也讲究地穿羔皮衣了。老羊皮经过芒硝鞣（róu）制之后，做成的皮衣很笨重，是穷人们穿的，然而这些都是绵羊皮做的。如果是南方的短毛羊皮，经过芒硝鞣制去毛之后就变得像纸一样薄，只能用来做画灯了。穿羊皮衣的人，对于羊皮的腥膻气味，穿久了就习惯了，南方不习惯穿的人就受不了。然而，往南天气逐渐变暖，皮衣也没什么用处了。

麂子皮去了毛，经过芒硝鞣制之后做成袄裤，既可抵御寒风，又穿着合体轻便，做鞋子、袜子就更好。这种动物除广东很多外，中原地区则集中在湖南、湖北一带，望华山是买卖麂皮的地方。麂皮还有防御蝎子蜇人的功用，北方人除了用麂皮做衣服外，还用麂皮做被子边，这样蝎子就会避得远远的。虎豹皮的花纹最美丽，将军们用它们来装饰彰显自己的身份；猪皮和狗皮价格最低贱，脚夫苦力用它们来做靴子、鞋子穿。西北部少数民族地区很流行用水獭(tǎ)皮做成细毛皮衣的领子。东北女真族襄黄人翻山越岭去猎取水獭，运到很远的地方去卖，可以得到双倍的价钱。异域他乡的珍奇物产，如金丝猴的皮，皇帝用来做帽套；猞猁狲(shēlìsūn)皮，皇帝用来做皮袍，这些都不是中原地区所出产的。这些就是人类用兽皮做衣服的大致情形，各地的特产不可能在这儿详尽叙述。在飞禽之中，有用鹰的腹部和大雁腋部的细毛做衣服的，杀上万只飞禽才能做一件所谓“天鹅绒”的衣服，哪里忍心穿呢？

褐、毡

绵羊有两种，一种名叫蓑衣羊，剪下它的细毛可以用来制成毛毡或者绒片，遍及全国的绒帽、绒袜子等原料都出自这种羊。古代西域的羊还没有传到中原地区，穷人制作那些粗陋的服装，就是用的这种羊毛。绵羊毛毡只有粗糙的而没有太精致的，现在的粗毛布，有的也是出自这种羊的毛。这种羊在徐州、淮河以北的地区喂养得很多。南方只有浙江湖州喂养绵羊，一年之中剪羊毛三次(绵羊夏季不长新毛)。每只羊的毛，一年可以做三双绒袜的原料。一只公羊和一只母羊配种后可生两只小羊，所以一个北方家庭如果喂养一百只绵羊，一年便可以收入一百两银子。

还有一种羊叫作羖䍽(gǔlì)羊(西部民族的称呼)，唐代末年才从西域传到中原来。这种羊外毛不是很长，内毛却很细软，可以用来织绒毛布。陕西人把它叫作山羊，以此区别于绵羊。这种羊先从西域传到甘肃临洮，所以如今的兰州特别盛产这种羊，细软的毛布都出自兰州，因此又名兰绒。少数民族把它叫作孤古绒，这是沿用它起先的名字。山羊的细毛绒也可以分为两种。一种叫作搊(chōu)绒，是用梳子从羊身上梳下来的，打成线织成绒毛布，有褐子或把子等名称。另一种叫作拔绒，是细毛中比较精细的，用两个手指甲从羊身上挨着挨着扯下来，打成线织成绒毛布。这样织成的毛布，摸起来像丝织品那样光滑细腻。每人打一整天的线也只能得到一钱重的毛料，要花半年工夫才够织成一匹织品的原料。如果是用搊绒打线，一天所得能比拔绒多好几倍。打绒线的时候，用铅锤坠着线端，然后用两手转动搓成绒线。

织绒毛布的织机比织棉麻布的大，要用八片综，让经线从此通过，下面装四个踏轮，每踏起两根经线，才过一次纬线，因此就能织成斜纹。这种织机的梭子长一尺二寸，这种机器织绒的方法和羊种都是当时从少数民族那边传来的(名称还有待查考)。所以到现在织布工匠还全是那些民族的人，没有中原地区人的记载。从绵羊身上剪下的细毛，粗的做毡子，细的做绒。毡子都是将羊毛放到沸水中搓洗，等到黏合后，才用木板轧成一定的式样，把绒铺在上面，转动机轴轧成。毡绒的本色是白与黑，其他颜色都是染成的。至于"氍毹(qúshū)""氆氇(pǔlǔ)"等名称，那都是中原地区和边疆各地的方言所命名的名称。若是最粗糙的毛绒做成的毯子，必定掺杂着各种劣马的毛在里面，并不是用纯羊毛制成的。

第三章　彰施

宋先生说：天空中的云霞有各种不同的颜色，大地上的花叶更是形态各异、五彩纷呈。大自然呈现出种种美丽景象，上古的圣人就效法自然，按照五彩的颜色将衣服染成青、黄、赤、白、黑五种颜色，难道虞舜没有这种用心吗？飞禽鸟类那么多而只有凤凰丹红超群，走兽充盈而唯独麒麟青碧异常。那些身穿青衣的平民望着皇宫，向穿黄袍、红袍的帝王将相们遥拜，这道理也是一样的。有君子说："甜味容易与其他各种味道相调和，白的底子容易染成各种色彩。"世界上的丝、麻、皮和粗布都具有素的底色，因而能染上各种颜色。所以说创造新事物不必劳心费力，我是不相信的。

诸色质料

大红色（用红花饼做原料，加乌梅水煎煮出来，再用碱水澄清几次。如果用稻草灰代替碱，效果也大致相同。多澄清几次，颜色就会非常鲜艳。有的染家图便宜，先将织物用黄栌木水染上黄色打底子。红花最怕沉香和麝香，红色袍服与这类熏衣服的香料放在一起，一个月之内袍服的颜色就会毁掉。用红花染过的红色丝帛，如果想要回到原来的颜色，只要把所染的丝帛浸湿，滴上几十滴碱水或者稻草灰水，红色就可以完全褪掉，仍然恢复原来的颜色。将洗下来的红色水倒在绿豆粉里进行收藏，下次再用它来染红色，半点也不会耗损。染坊把这种方法作为秘方不肯告诉外人）、莲红色、桃红色、银红色、水红色（以上四种颜色所用的原料也是红花饼，颜色的深浅按所用的红花饼的分量多少加减而成。但这四种颜色都不能染黄色的蚕茧丝，只有白色的蚕茧丝才可以）、木红色（用苏木煎水，再加入明矾、五倍子染成）、紫色（用苏木水染上底色，再用青矾做媒染剂上色）、赭黄色（制法还不清楚）、鹅黄色[先用黄檗（bò）煮水染上底色，再用蓝靛水套染]、金黄色（先用黄栌木煮水染色，再用麻秆灰水淋泡，然后用碱水漂洗）、茶褐色（用莲子壳煎水染色，再用青矾水染成）、大红官绿色（先用槐花煎水染色，再用蓝靛套染，浅色和深色都要用明矾来进行调节）、豆绿色（用黄檗水染上底色，再用蓝靛水套染。如今还有用小叶苋蓝煎水套染的，叫作草豆绿，颜色十分鲜艳）、油绿色（用槐花稍微染一下，再用青矾水染成）、天青色（放在靛缸里稍微染一下，再用苏木水套染而成）、葡萄青色（放进靛缸里染成深蓝色，再用深苏木水套染而成）、蛋青色（先用黄檗水染，再放入靛缸中染成）、翠蓝、天蓝色（这两种颜色都是用蓝靛水染成的，只是深浅各有不同）、玄色（先用蓝靛水染成深青色，再用黄栌木和杨梅树皮各一半煎水套染。还有一种方法，是先用蓝的嫩叶汁浸染，再放进青矾、五倍子的水中一块浸泡，但是用这种方法浸染，容易使布和丝帛腐烂）、月白、草白色（都是用蓝靛水稍微染一下，现在的方法是用苋蓝煮水，煮到半生半熟的时候再染）、象牙色（用黄栌木煎水稍微染一下，或者用黄泥水染）、藕褐色（先用苏木水稍微染一下，再放进莲子壳和青矾一起煮的水中进行浸染）。

蓝　淀

蓝（草本植物，叶茎含蓝汁）有五种，都可以用来制作染料——蓝靛。茶蓝也就是菘蓝，扦插就能成活；蓼蓝、马蓝和吴蓝等都是播撒种子种植的。近来又出现了一种小叶的蓼蓝，俗称“苋蓝”，是更好的蓝品种。

种植茶蓝的方法，是在冬天（一般是农历十一月）割取茶蓝时，把叶子一片一片剥下来，放进花窖里制成蓝靛。把茎秆的两头切掉，只在靠近根部的地方留下几寸长的一段，熏干后再埋藏在土里。到第二年春天（农历正、二、三月）时，放火将山上的杂草烧干净，使土壤变得很疏松肥沃，然后用锥锄（这种锄的锄钩朝向内，约长八寸）插入土中打成斜眼，将那保存的茶蓝根茎插进去，就会自然生根长叶子。其余的几种蓝都是收了种子撒播在园圃中。春末就会出苗，到六月采收种子，七月就可以将蓝割回来用于造靛了。

制作蓝靛时，茎和叶多的放进花窖里，少的放在桶里或缸里。用水浸泡七天，它的蓝汁就自然出来了。每一石蓝的汁液加入石灰水五升，搅打几十下，就会凝结成蓝靛。水静放以后，蓝靛就沉积在底部。近来出产的蓝中，福建人在山地上种植的都是茶蓝，茶蓝的数量是其他几种蓝的好几倍。他们在山上先把茶蓝装入箬篓子，再装上船往外运。制作蓝靛时，把撇出的浮沫晒干后就叫"靛花"。蓝靛放在缸里，一定要先用稻草灰水搅拌调和，每天都手执竹棍搅拌无数次。蓝靛中质量最好的叫作"标缸"。

红　花

红花场圃都是撒播种子种植的，二月初就下种。如果种得太早，花苗长到一尺左右就会长出像黑蚂蚁一样的害虫，这种虫咬食花的根部，花苗很快就会死亡。凡是在肥地里种的红花，花苗能长到二尺到三尺高。这就要给每行红花打木桩，横拴绳子将红花拦起来，以防备红花被狂风吹断。如果种在瘦地里，花苗只有一尺半以下高就不必那么做。

红花到了夏天就会开花，花下结出球状花托和花苞，花托上有好多刺，花就长在球状花托上。采花的人一定要在天刚亮红花还带着露水时就摘取。如果等到太阳升起，露水干了，红花已经闭合成果实状，就不方便摘了。如果遇上早晨阴雨而没有露水，花开得少，就晚点摘也可以，因为没有太阳。红花是一天天开放的，大约一个月才能开完。作为药用的红花不必制成花饼。若是要进染房用来制染料用的，就必须按照一定的方法制成花饼后再用，这样黄色的汁液除干净了，真正的红色就显出来了。红花的籽经过煎压后可以榨出油，如果将银箔贴在扇面上，再刷上一层这种油，在火上烘干后，马上就会变成金黄色。

造红花饼法

摘取还带着露水的红花，捣烂并用水淘洗，然后装在布袋里，拧去黄汁。再次捣烂，用已发酵的酸谷子水或淘米水再次进行淘洗，又装入布袋中拧去汁液，然后用青蒿覆盖一个晚上，捏成薄饼，阴干后收藏好。如果染家染的方法得当，就可以把衣裳染得格外鲜红。(染贺帖用的大红纸，也必须用红花饼来染，否则就会染不出大红色来。)

槐　花

槐树生长十几年后才能开花结果。初长出还没有开放的槐花叫作槐蕊，这是染绿衣服所需要的，就像染红色要用红花一样。采摘的人将竹篓子张口放在槐树下承接槐蕊。将收集起来的槐花加水煮开，沥干后捏成饼，给染坊用。已开的花慢慢变成黄色，收用的人把它们撒上点石灰拌晒后，收藏备用。

第四章 粹精

宋先生说：自然界生长的各种谷物是用以养育人的，但五谷的精华包藏在如同金黄外衣的谷壳里面。稻谷以糠皮为甲壳，麦子用麸皮做外衣，粟、粱、黍、稷的颗粒都隐藏在如同毛羽的外壳之中。通过扬簸和碾磨等工序将谷物去壳、加工成米和面，这套技术对于人们难道永远是一种秘密吗？讲究饮食滋味的人们，都希望粮食加工得越精美越好。杵臼的发明使用，帮助广大民众解决了谷物加工问题，这是取象于《小过》卦。发明这套技术的人，难道不是靠人的智慧而只是靠上天的赐予吗？

攻　稻　击禾、轧禾、风车、水碓(duì)、石碾、臼、碓、筛皆具图

稻子收割之后，就要设法让谷粒脱离稻秆而收取谷粒。脱粒的方法，用手握稻秆摔打来脱粒的约占一半，把稻子铺在晒场上，用牛拉石碌进行脱粒的也占一半。手工摔打脱粒，承受稻秆摔打的，或者用木桶，或者用石板。稻子收获的时候，若遇上多雨少晴的天气，稻田和稻谷都很潮湿，不能把稻子收到晒场上去脱粒，就用木桶在田间就地脱粒(见图 4-1)。若是晴天，稻子很干，就使用石板脱粒(见图 4-2)，很方便。

用牛拉石碌在晒场上压稻谷(见图 4-3)，要比手工摔打脱粒省力三倍。但是留着做稻种的稻谷，恐怕被磨掉保护谷胚的壳尖而使种子发芽率降低。因此南方种植水稻较多的人家，多半是用牛力在稻场上脱粒，但留着来年做种子的稻谷就宁可在石板上摔打脱粒。

最好的稻谷九成谷粒饱满，一成是颗粒不饱满的。如果风雨不调，壅根除草不及时，那么谷粒六成饱满、四成不饱满的情况也可能出现。去掉秕谷的方法，南方都是用风车扇去（见图 4-4）；北方稻子少，多用扬场的办法（见图 4-5），也就是用扬麦子、黍子那样的办法来扬稻子，这总的来说不如用风车那样方便。

稻谷去掉谷壳是用砻（见图 4-6），去掉糠皮是用舂或用碾。但用水碓来舂，就同时兼有砻的功用。干燥的稻谷用碾加工也可以不用砻。砻有两种：一种是用木头做的，锯下一尺多长的原木（多用松木），砍削并合成磨盘形状，两扇都凿出纵向的斜齿，下面安装一个凸出于下扇的轴穿进上扇，将上扇中间挖空以便稻谷从孔中注入。（见图 4-7）一个木砻加工两千多石米后便已损坏。用木砻加工，即使是不太干燥的稻谷，加工后也不会被磨碎，因此进贡上缴的军粮和官粮，漕运或就地储藏的，数以千万石计，都是用木砻加工。

另一种是土砻，破开竹子编织成一个圆筐，里面用干净的黄土填充压实，上下两扇都镶上竹齿。（见图 4-8）上扇安个竹篾漏斗用来装稻谷，它的装谷量要比木砻多一倍。稻谷稍微潮湿一点，在土砻中就会磨碎。土砻加工二百石米就坏了。使用木砻的必须是身体强壮的劳动力，而土砻即使是体弱力小的妇女儿童也能使用。老百姓吃的米都是用土砻加工的。

稻谷用砻磨碾后，就用风车扇去糠秕，再倒进筛子里团团转动。（见图 4-9）未破壳的稻谷便会浮到筛子里的米上面来，再捧入砻中进行加工。大的筛子周长五尺，小的筛子周长约为大筛的一半。大筛的中心稍微隆起，供强壮的劳动力使用。小筛的边高只有二寸，中心微凹，供妇女儿童使用。稻米筛过以后，再放到臼里舂（见图 4-10），臼也有两种。八口以上的人家，一般是在地上挖坑埋石臼，大臼的容量是五斗，小臼的容量约为大臼的一半。用横木的一端穿插碓头（碓嘴是用铁冶制的，用醋滓将它和碓头黏合），用脚踩踏横木的末端就可以舂米。（见图 4－11）舂得不够时，米就会粗糙，舂得太过分，米就细碎了，精米都是从这里加工出来的。人口不多的人家就截木做成手杵，用木头或石头做臼来舂米。舂过以后糠皮都变成了粉，叫作细糠，用来喂猪狗。遇到荒年，人也可以吃。细糠随风车的风扇播扬分开，糠皮灰尘都能除干净，留下的就是纯粹精良的大米了。

水碓（见图 4－12）是山区住在河边的人所创造发明的。用这个办法加工稻谷，要比人工省力十倍，因此人们都乐意使用水碓。利用水力带动水碓和利用筒车浇水灌田是同样的方法。水碓上放臼的数目没有一定的限制。如果流水量小且地方也狭窄，就放两至三个臼。如果流水量大而且地方又宽敞，那么并排放十个臼也不成问题。

江西上饶一带建造水碓的方法非常巧妙。因为建造水碓所担心的，就是埋臼的地方地势低，可能会被洪水淹没，地势太高，水又流不上去。上饶一带造水碓的方法是用一条船作为地，把船系在木桩上。在船中填土埋臼，再在河的中流筑一个小石坝，这样碓造成了，打桩筑坡的劳力却节省下来了。此外，水碓还有一举三用的：利用水流的冲击来使水轮转动，用第一节带动水磨磨面，第二节带动水碓舂米，第三节用来引水浇灌稻田，这是考虑得非常周密的人所创造的。在使用水碓的河滨地区，有一辈子也没有见过砻的人，那里的稻谷去壳去糠皮始终都是用水碓臼，唯独使用风车和筛子，各个地方没有什么不同。

碾磨是用石头砌成的，碾盘和转轮都是用石头做的。（见图 4－13）用牛犊或马驹来拉碾都可以，随人自便，一头牛干一天的劳动量可以当得五个人一天的劳动量。但进入碾盘的稻谷必须是晒得很干燥的，稍微潮湿一点的谷，米就会被碾碎碾断。

图 4-1　湿田击稻图

图 4-2　场中打稻图

图 4-3　赶稻及菽图

图 4-4　风车

图 4-5　扬扇

图 4-6　砻

图 4-7　木砻

图 4－8　土砻

图 4－9　筛谷

图 4－10　舂臼

图 4－11　碓

图 4-12　水碓

图 4-13　石碾

攻　麦　扬、磨、罗具图

对小麦而言，它的精华部分是面。稻米中最优质纯净的是舂过多次的稻米；麦面中最优质纯净的是反复用罗筛过的小麦面。收获小麦的时候，用手握住麦秆摔打脱粒，和稻子手工脱粒的方法相同。去掉秕麦的方法，北方多用扬场的办法，这是因为风车的传播使用还没有遍及全国。扬场不能在屋檐下，而且一定要等有风的时候才能进行。风不到，雨不收，都不能扬场。

小麦扬过后，要用水淘洗干净那些灰尘污垢，再晒干，然后入磨（见图 4－14）。小麦有紫皮和黄皮两种，其中紫皮的比黄皮的好些。好的小麦每石可磨得面粉一百二十斤，差一点的要减少三分之一。磨的大小没有一定的规格，大的磨要用肥壮有力的牛来拉，牛拉磨时要用油桐的果壳遮住牛的眼睛，否则牛会转晕。牛的腹部下面要系一只桶用来盛装牛的排泄物，否则会把面弄脏。小一点的磨用驴来拉（见图 4-15)，重量相对较轻些。再小一点的磨则只需用人来推。

一头壮牛一天能磨两石麦子，一头驴一天只能磨牛的一半。强壮的人一天能磨麦三斗，而体弱的人只能磨一半。至于使用水磨的办法，已经详细记述在《攻稻》“水碓”一节中（见图 4-16)，制作办法相同，水磨的功效却是牛犊的三倍。用牛马或水磨磨面，都要悬挂一个上宽下窄的袋子在磨的上方，装上几斗小麦在里面，麦子就会慢慢自动滑入磨眼（见图 4-17)，而人力推磨时就用不着了。

造磨的石料有两种，面粉品质的高低也随石料的差异而有所区分。江南很少出精粹白净的上等面粉，就是因为磨石里含有沙粒渣滓，磨面时会发热，以致带色的麸皮破碎与面掺和在一起而无法筛掉。江北的石料性凉而且细腻，安徽池州九华山出产的石料质地更好。用这种石头制成的磨，磨面时石头不会发热，麸皮虽然也轧得很扁但不会破碎，所以麸皮一点都不会掺和进面里，这样磨成的面粉就非常白了。江南的磨用二十天就可能磨钝磨齿，而江北的磨，用半年才会磨钝一次磨齿。南方的磨由于把麦麸一起磨碎，可以磨得一百斤面的话，北方的磨就只能得八十斤面粉，所以上等面粉的价钱就要贵十分之二。但是从北方的磨里出来的麸皮还可以提取面筋和小粉，所以不仅面的总量已经足数，而且得到的收益会更多。

麦子磨成粉之后，还要经过几次罗筛（见图 4-18)，勤劳的人不怕反复劳作。罗框的底是用丝织的罗地绢制作的。用浙江湖州一带出产的丝织制成的罗地绢做罗底，罗一千石面也不坏，若用其他地方的黄丝制作的，罗过一百石面就坏了。面粉磨好之后，在寒冷季节里可以存放三个月，春夏时节存放不到二十天就会受潮而变质。为了面食的优质可口，就要注意随磨随吃。大麦一般是舂掉外皮后用来煮成饭食用的，把大麦磨成面粉的不到十分之一。荞麦则是先用杵棒稍微舂一下，捣掉外皮，然后再舂或磨成面来吃。这些粮食与小麦相比，精粗贵贱相差太大了！

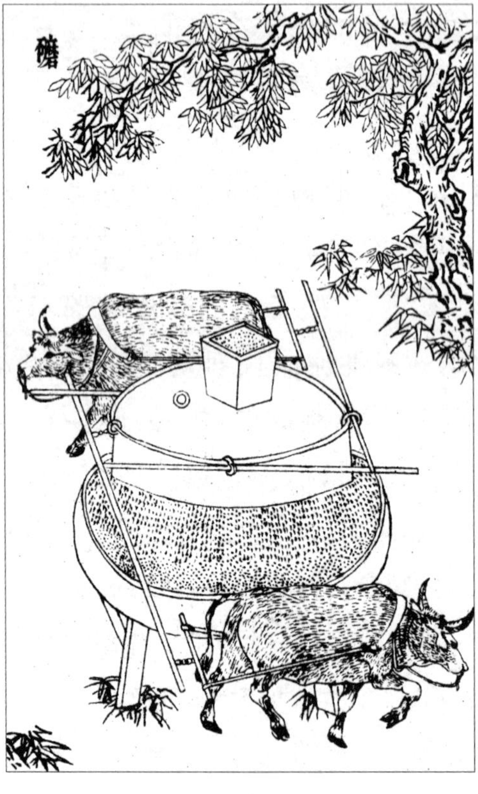

图 4－14　磨

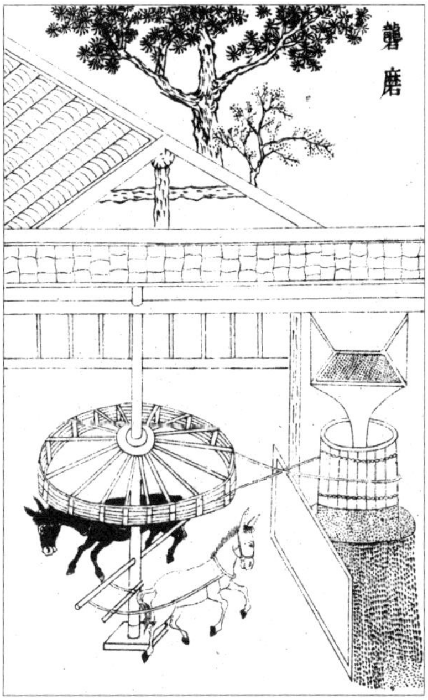

图 4－15　砻磨

图 4－16　水碾

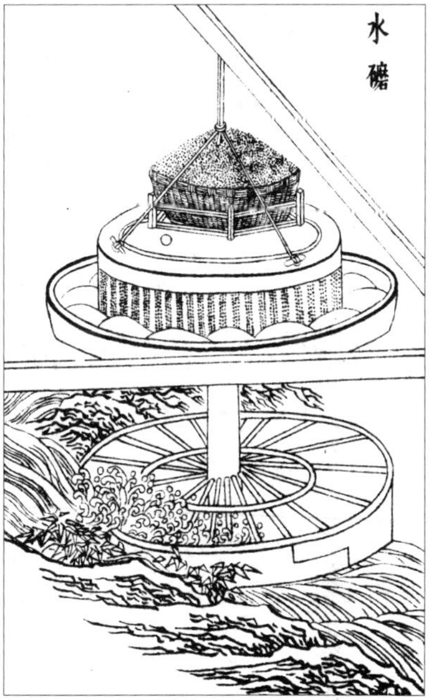

图 4－17　水磨

图 4－18　面罗

攻黍、稷、粟、粱、麻、菽 小碾、枷具图

凡是加工小米，一般是风扬而得其实粒，舂后而得到小米，碾磨后而得到小米粉。除了用风扬、风车扇之外，还有一种方法是用簸箕。其法是用篾条编成圆盘，把谷子铺在上面，均匀地扬簸。（见图4－19）轻的扬到前面，就从箕口丢弃地下；重的留在后面，饱满的实粒就在这儿了。加工小米用的舂、磨、扬、播等工具，已经详述于《攻稻》《攻麦》两节中。只是小碾这个工具，在《攻稻》《攻麦》两节中尚未谈到。北方加工小米，在家里安置一个石墩，中间高，四边低，边沿不开槽。把谷子铺在墩上，妇女两人面对面，相互用手交接碾柄来碾压。它的碾石是长圆形的，好像牛拉的石磙子，两头插上木柄。米落到碾的边沿时，就随手用小扫帚扫进去。（见图4－20）家里有了这种工具，就用不着杵臼了。

芝麻收割后，在烈日下晒干，扎成小把，然后两手各拿一把相互拍打。芝麻壳就会裂开，芝麻粒也就脱落了，下面用竹席子承接。（见图4－21）芝麻筛跟小的米筛形状相同，但筛眼比米筛密五倍。芝麻粒从筛眼中落下，叶屑和碎片等杂物都会浮在筛上而抛掉。

豆类收获后，量少的用连枷脱粒，如果量多，省力的办法仍然是铺在晒场上，在烈日下晒干，用牛拉石磙来压碾脱粒。打豆的连枷，是用竹竿或木杆作柄，柄的前端钻个圆孔，拴上一条长约三尺的木棒，把豆铺在场上，手执枷柄甩打。（见图4－22）

豆粒被打落后，用风车扇去荚叶，再筛过，饱满的豆粒就可以入仓了。所以说，芝麻用不着舂和磨，豆类用不着硙（wèi，石磨）和碾。

图 4-19　簸扬

图 4-20　小碾图

图 4-21　击麻

图 4-22　打枷图

第五章 作咸

宋先生说:自然界有五种气,于是相应地产生了五种味道。水性向地下渗透而具有咸味这件事,是周武王访问箕子才开始懂得这个道理。对于人来说,五味中的辣、酸、甜、苦,长期缺少其中任何一种对身体都没有多大影响。唯独盐,十天不吃,人就会像得了病一样精神疲乏、软弱无力,连缚鸡提鸭都做不到。这岂不正说明水是自然界中最重要的物质,水中产生的咸味是人生命力的源泉吗?全国各地,无论是在京郊、内地,还是僻远的边疆,到处都有不长蔬菜和谷物等庄稼的不毛之地,然而这些地方也会巧妙地产出食盐,以待人们享用。又有谁能知道其中的缘由呢?

盐 产

盐的产地大不相同,其种类大体上可以分为海盐、池盐、井盐、土盐、崖盐和砂石盐等六种,但是东部少数民族地区出产的树叶盐和西部少数民族地区出产的光明盐不包括在其中。在中国范围内,海盐的产量约占五分之四,其余五分之一是井盐、池盐和土盐。这些盐,有的是靠人工提炼的,有的是天然生成的。总之,只要是交通运输不便的地方,自然界就会在那儿自然地产出食盐。

海水盐

海水本身就具有盐分这种咸质。海滨地势高的地方叫作潮墩，地势低的地方叫作草荡，这些地方都能出产盐。同样是用海水制盐，但制取的方法各不相同。一种方法是在海岸高处的围堰地，海潮不能浸漫的地方，围地产盐。各产盐户都有自己的地段和界线，互不侵占。估计第二天无雨，就在当天把稻、麦秆灰及芦苇、茅草灰遍地撒上一寸多厚，然后压紧整平匀。第二天早上，地下湿气和露气升腾，经太阳照晒，饱吸盐卤的草灰就会如同芳草般勃然生发。等到太阳中升放晴，半天晒出盐霜，应赶快将灰和盐一起扫起来去煎炼。(见图 5 - 1)

另一种方法是在潮水浅浅的地方，不用撒灰，只等潮水过后，第二天天晴，半天就能晒出盐霜来，然后赶快扫起来煎炼。还有一种方法是在挨近海潮淹没的地方预先挖掘一个深坑，上面横架竹子或木棒，竹木上铺苇席，再在苇席上铺好沙子。当海潮盖顶淹过深坑时，卤气便通过沙子渗入坑内，将沙子和苇席撤去，用灯向坑里照一照，当卤气能把灯冲灭的时候，就可以取卤水出来煎炼了。总之，成功的关键在于能否天晴，如果阴雨连绵多日，盐被迫停产，这就叫作盐荒。在江苏淮扬一带的盐场，也有靠日光把海水晒干而自然凝结成像马牙形的盐霜的，这就叫作大晒盐。它不需要经过煎炼，扫起来就可以食用。还有利用海水中顺风漂来的海草，捞起来熬炼出的盐，名叫蓬盐。

淋洗、煎炼食盐的方法，是先挖一浅一深两个坑。浅的坑深一尺左右，上面架上竹木架，再在上面铺上芦席，将扫起来的盐料(不论是有灰的还是无灰的，淋洗的方法都相同)铺在席子上面。四周堆得高些，做成堤坝形，中间用海水淋灌，盐卤水便可以渗到浅坑之中。（见图 5－2）深的坑约七到八尺深，接受浅坑淋灌下来的盐水，然后倒入锅里煎炼。

煎盐的锅古时候叫作牢盆，它也有两种制作规格。牢盆的周长有好几丈，直径也有一丈多。一种是用铁做的，把铁锤打成叶片，再用铁钉铆合，盆的底部像盂那样平，盆深约一尺二寸，它的接口合缝处经过卤汁结晶后堵塞住，就永无隙缝漏水了。牢盆下面砌灶烧柴，灶眼多的能有十二三个，少的也有七八个，用柴火共同烧煮这个锅。南海地区有用竹篾编成牢盆锅围的，锅围阔约一丈，深一尺。在篾围上糊上蛤蜊灰，衔接在锅的边上。锅下烧火，使卤水沸腾，一直到结成盐。这种盆也叫作盐盆，但还是不如用铁片做成的锅那样便利。煎炼盐卤汁还没到凝结的时候，可以将皂角捣碎掺和小米糠一起投入沸腾的卤水里搅拌均匀，盐分便会很快地结晶成盐粒。加入皂角而使盐凝结，就好像加入石膏能使豆浆凝结成豆腐一样。（见图 5－3）

江苏淮扬一带盐场出产的盐，又重又黑，其他地方出产的盐则是又轻又白。从重量上比较，淮扬盐场的盐一升重约十两，而广东、浙江、长芦盐场的盐就只有六七两重。蓬草盐的出产不可定期，因为蓬草有时好几年来一次，有时一个月来好几次。盐遇到水就会溶解，遇到风就会流盐卤，碰上火却愈发坚硬。储藏盐不必用仓库，因为盐的特性是怕风吹而不怕地湿，只要在地上铺三寸来厚的稻草秆，任凭地势低湿也没有什么妨害。如果周围再用土砖砌起来，用泥封堵好缝隙，上面盖上一尺多厚的茅草，即使放置一百年也不会发生变化。（见图 5－4）

图 5－1　布灰种盐

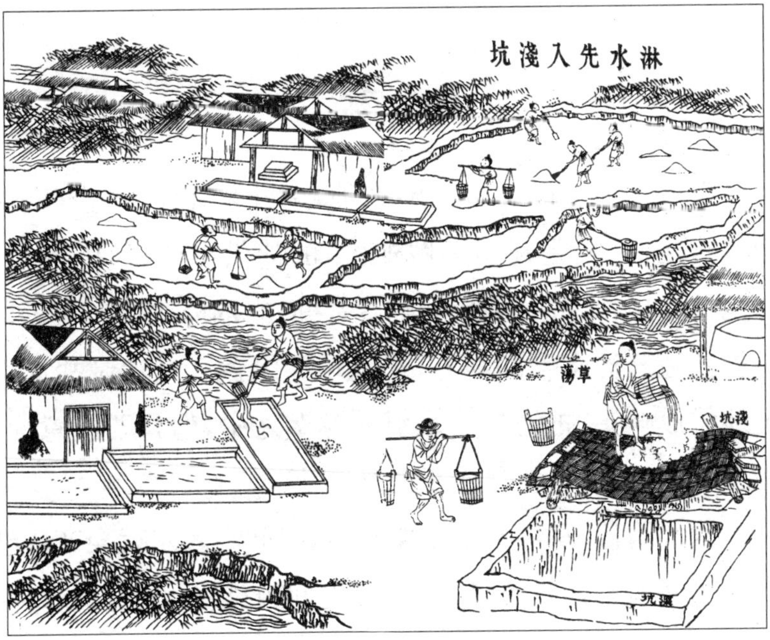

图 5－2　淋水先入浅坑

图 5-3　海卤煎炼

图 5-4　量较收藏

池盐

我国有两个池盐(见图 5-5)产地,一处是在宁夏,产的食盐供边远地区食用;一处是在山西解池,产的盐供山西、河南各郡县食用。解池位于山西安邑、猗氏和临晋之间,它的外围筑有城墙,用来防卫保护盐池。池水深的地方,水呈现深绿色。当地制盐的人,在池旁把地耕成畦垄,把池内清水引入畦垄之中,但是要注意提防浊水流入,否则就将造成泥沙淤积盐脉。

凡引池水制盐,每年春季就要开始,时间太晚水就会变成红色。等到夏秋之交南风劲吹的时候,一夜之间就能凝结成盐,这种盐名叫颗盐,也就是古书上所说的大盐。因为海水煎炼的盐细碎,而池盐呈颗粒状,所以得到了“大盐”的称号。这种盐一经凝结,扫起来就可食用。制盐的人，积扫一石盐上交给官府，所得的铜钱也不过几十文而已。在广东海丰和河北深州地区，把海水引入池内晒成的盐，凝结后扫起来就可食用，而不需再煎炼加工，这一点和山西解池产的盐相同。但成盐的时间与它不需依靠南风吹这两点，就跟解池盐大不相同了。

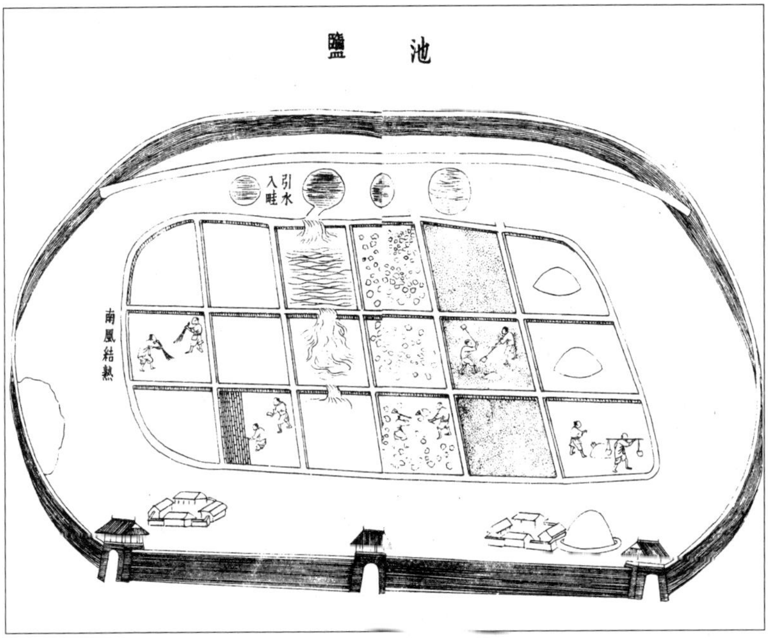

图 5－5　池盐

井　盐

云南、四川两省远离海滨，交通很不方便，地势又很高，因此那两个省的盐就蕴藏在地下。在四川离河不远的石山上，大多可以凿井取盐。(见图 5－6)盐井的圆周不过几寸，盐井的上口用一个小盂便能盖上，(见图 5－7、图 5－8)而盐井的深度必须达到十丈以上，才能到盐层，因此凿井代价很大，也很艰难。凿井的工具使用的是铁锥，铁锥的形状很像碓嘴，它的尖端要做得非常坚固锋利，才能用它在石山上冲凿成孔。铁锥的锥身要用破开两半的竹片夹住，再用绳子缠紧。每凿进数尺深，就要用竹竿接上以增加它的长度。起初凿进去的一丈多深，可以用脚踏锥梢，就像舂米那样。再深一些就用两手举着铁锥用力一下一下舂下去，这才能把石头舂得粉碎，随后把长竹接在一起再捆上铁勺，把碎石挖出来。打一眼深井大概需要半年时间，而打一眼浅井一个多月就能够成功。

一般来说，井眼凿得过大，卤气就会游散，以致不能凝结成盐。当盐井凿到卤水层能打出水后，挑选一根长约一丈的好竹子，凿干净竹内的节，只保留最底下的一节。（见图 5－9）然后在竹节的下端安一个吸水的单向阀门以便汲取盐水入筒。用长绳拴住这根竹筒，将它沉到井底之下，竹筒内就会汲满盐水。（见图 5－10）井上安装桔槔或辘轳等提水工具，再制作一个转盘套上牛。牛拉动转盘就能带动辘轳绞绳把汲满盐水的竹筒提上来。（见图 5－11）然后将卤水倒进锅里煎炼（只用中等大小的锅，而不用牢盆），很快就能凝结成雪白的盐了。（见图 5－12）

四川西部地区有一种火井，非常奇妙。火井里居然全是冷水，完全没有一点热气，但把长竹子劈开去掉竹节，再拼合起来用漆布缠紧，将一头插入井底，另一头用曲管对准锅脐，把卤水接到锅里，只见热烘烘的，卤水很快就沸腾起来了。（见图 5－13）可是打开竹筒一看，却没有半点烧焦的痕迹。看不见火的形象而起到了火的作用，这真是人世间的一大奇事啊！

四川、云南两省的盐井很容易逃避官税，难以追查。（见图 5－14）

图 5－6　凿井

图 5－7　开井口

图 5－8　下石圈

图 5－9　制木竹

图 5－10　下木竹

图 5－11　汲卤

图 5－12　场灶煮盐

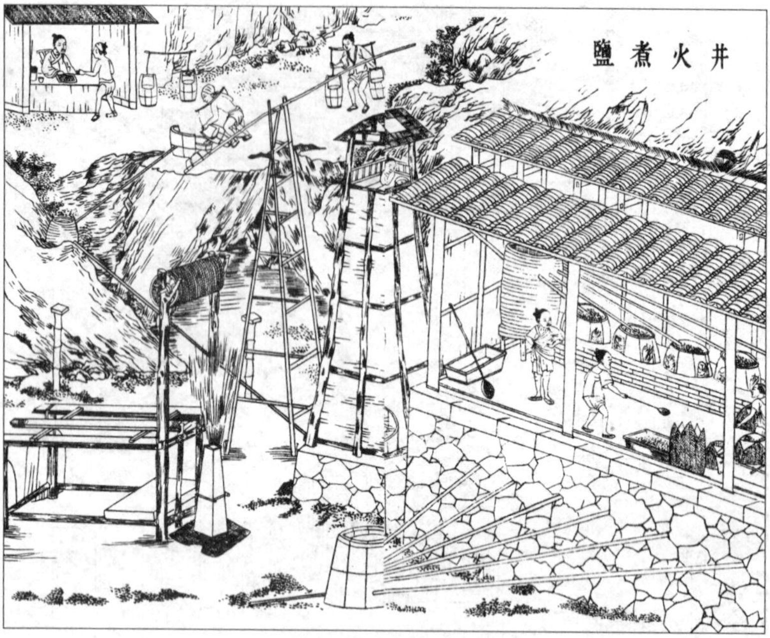

图 5－13　井火煮盐

图 5－14　川滇载运

末　盐

用地碱煎熬的盐，除了山西并州的粉末盐之外，家住河北沿渤海湾一带的人们，也有刮取地碱熬制食盐的，但是这种盐含有杂质，颜色比较黑，味道也不太好。

崖　盐

陕西阶州、凤县等地区，海盐和井盐都没有，但当地的岩洞里出产一种盐，颜色像红土，任凭人们刮取食用，并不需要煎炼熬制。

第六章　甘嗜

宋先生说：气味到达极点是芳香，色彩到达极点是艳丽，味道到达极点是甜美，人的大欲望就在这些色香味里面。有的东西香气特别浓烈，有的东西颜色特别艳丽，有的东西味道特别可口，这些在自然界似乎有着特殊的安排。世间具有甜味的东西，十之八九来自甘蔗，而蜜蜂极力争先，采集百花酿成佳蜜，使甘蔗不能全部占有甜蜜的功劳。是哪种自然的作用使天下人都受到甘蔗和蜂蜜的甜蜜滋养呢？

蔗　种

甘蔗有两种，盛产于福建和广东一带，其他各个地方所种植的，总量合起来也只有这两个省的十分之一。甘蔗中形状像竹子而又粗大的，叫作果蔗，截断后可以直接生吃，汁液甜蜜可口，但不适合造糖。另一种像芦荻那样细小的，叫作糖蔗，生吃时容易刺伤唇舌，人们不敢生吃，白砂糖、红砂糖都是用这种甘蔗生产的。在中国古代，人们还不懂得如何用甘蔗造糖。唐朝大历年间，西域僧人邹和尚游经四川遂宁，才开始传授制糖的方法。现在四川大量种植甘蔗，也是从西域逐渐传来的。

种植荻蔗的方法，是在初冬将要下霜时把荻蔗砍倒，去掉头部和根部，埋在泥土里(注意不能埋在低洼积水潮湿的地方)。到第二年“雨水”节气的前五六天，趁天气晴朗时将荻蔗挖出来，剥掉外面的叶鞘，砍成五六寸长一段，每段都要留两个节。再将这些蔗节密排在地上，稍微盖上点泥土，让它们像鱼鳞似的头尾相枕。每段荻蔗上的两个芽都要平放，不能一上一下，致使向下的种芽难以萌发出土。待荻蔗芽长到一两寸时，就要经常用清粪水浇灌；等它们长到六七寸的时候，就要挖出来移植分栽。

栽种甘蔗必须选用沙壤土，靠近江河边的沙洲土是最好的。测试土质的方法，是挖一个深约一尺五寸的坑，将坑里的沙土放入口中尝尝味道，味道苦的沙土不能用来栽种甘蔗。靠近深山河流上游的沙洲土，即使土味甘甜也不能用于栽种甘蔗，这是因为山地气候寒冷，将来制成的蔗糖的味道也会是焦苦的。应该在距山四五十里的平坦宽阔、阳光充足的水边沙洲中，选择最好的地段来种植。(黄泥土不适合种植甘蔗)

栽种甘蔗要整地造畦，将地耕成行距四尺、沟深四寸的畦垄。把蔗苗栽种在沟里面，约七尺栽种三株，盖上一寸多厚的土，土太厚了出芽就会稀少。每株甘蔗长到三四个或六七个芽，就逐渐将两旁的土推到沟里，在每次中耕锄草时都要培土。培的土越来越厚，甘蔗秆长高而根也扎深了，就可避免倾斜倒伏的危险。中耕除草的次数不嫌多，施肥的多少就要看土地的肥瘦程度了。等甘蔗苗长到一两尺时，就要把胡麻或油菜籽枯饼浸泡后掺水一起浇灌，肥要浇灌在行内。等到甘蔗苗长高到两三尺时就要用牛进入行间进行耕作。每半月犁耕一次，以翻土切断旁根，培土一次用以培根。到了九月初则要大培土保护甘蔗根，以防甘蔗砍收后的宿根被霜雪冻坏。

蔗　品

用荻蔗可以造出冰糖、白糖和红糖三个品种的糖。糖的品种不同，是由于蔗糖浆的老嫩不同。荻蔗的外皮到秋天会逐渐变成深红色，冬至以后再由红色变成褐色，然后出现白色的蔗蜡。在华南五岭以南没有霜冻的地区，荻蔗冬天也留在地里而不砍伐，让它长得更好些以用来制造白糖。但是在广东韶关、南雄以北地区，十月份就会出现霜冻，甘蔗的含糖量一经霜冻就要受到破坏，那些地区的荻蔗不能长久留在地里等它变成白色再收，因此要赶紧砍伐用来造红糖。制造红糖必须在十天之内全力完成。因为十天以前荻蔗糖浆还没有长足，十天以后又怕受霜冻的侵袭而导致前功尽弃，所以种蔗多达十亩地的人家，就要制作榨糖、煮糖用的车和锅以供急用。至于在广东南部没有霜冻的地区，收割荻蔗的迟早就随人自主安排了。

造　糖　具图

制作造糖用的轧浆车，是用每块长五尺、厚五寸、宽二尺的上下两块横板，在横板两端凿孔安上柱子，柱子上端的榫头从上横板露出少许，下端的榫头要穿过下横板二至三尺，这样将车身埋在地下筑牢，才能使整个车身安稳而不摇晃。在上横板的中部凿两个孔眼，并排安放两根大木轴（木料要用非常坚实的），做轴的木料以周长大于七尺的为最好。两根木轴一根长三尺，另一根长四尺五寸，长轴的榫头露出上横板用来安装犁担。犁担是用一根长约一丈五尺的弯曲的木材做成的，以便套牛轭使牛转圈走。轴端凿有相互配合的凹凸转动齿轮，两轴的合缝处必须又直又圆，这样才能很好地密合。把甘蔗夹在两根轴之间一轧而过，这与轧棉花的赶车原理是相同的。

甘蔗经过压榨便会流出糖浆，再把蔗渣拾起来放进轴上的“鸭嘴”处进行第二次压榨，然后压榨第三次，蔗汁就被压榨尽了，剩下的蔗渣可以用作燃料。下横板是用来支撑木轴的，装木轴的地方要凿两个孔，每个孔深一寸五分，这样才能使轴脚不穿透下横板，以便在板面上承接蔗汁。轴的下端要安装铁条和锭子以便于转动。下横板上有槽，将蔗汁导流进糖缸里。每石蔗汁加入石灰约半升。取用蔗汁熬糖，要把三口铁锅排列成品字形，先将浓蔗汁集中在一口锅里，然后把稀蔗汁逐渐加入另两口锅里。如果柴火不够火力不足，哪怕只少一把火，也会把糖浆熬成胶状不起砂结晶的顽糖，满是泡沫却没有什么用。（见图 6 - 1）

图 6 - 1　轧蔗取浆图

造白糖

南方福建、广东一带过了冬的成熟老甘蔗，用轧浆车榨汁的方法与前面所说的相同。将榨出的糖汁引入糖缸之中，熬糖时要通过观察蔗汁沸腾时的水花来控制火候。缸里的水花熬到呈细珠状，好像煮开了的羹糊似的时候，就用手捻试一下，如果粘手就说明已经熬到火候了。这时的糖浆还是黄黑色，把它装在桶里，让它凝结成黑色的糖膏，然后把瓦溜(请陶工专门烧制而成)放在糖缸上。这种瓦溜上宽下尖，底下留有一个小孔，用草将小孔塞住，把桶里的糖膏倒入瓦溜中。等糖膏凝固后，就除去塞在小孔中的草，用黄泥水从上淋浇下来，其中黑色的糖浆就会淋进缸里，留在瓦溜中的全都变成了白糖。(见图 6 - 2)最上面的一层约有五寸多厚，非常洁白，名叫洋糖(西洋糖非常白而好看，因此而得名)，下面的一层稍带黄褐色。

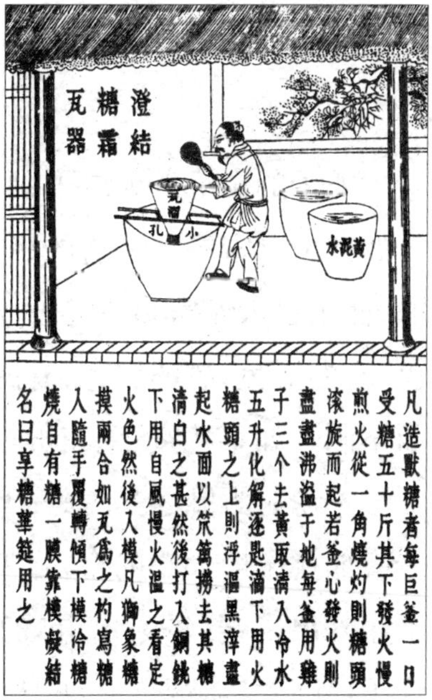

图 6 - 2　澄结糖霜瓦器

制作冰糖的方法，是将最上层的白糖加热溶化，用鸡蛋清澄清并去除掉面上的浮渣，要注意适当控制火候。将新鲜的青竹破成篾片，裁成一寸长，撒入糖汁之中。经过一夜之后，糖汁就会凝结成天然冰块那样的冰糖。制作狮糖、象糖及人物等形状的糖，糖质的精粗都可以由人们自主选定。白(冰)糖有五个品级，其中“石山”为最上等，“团枝”稍微差些，“瓮鉴”又差些，“小颗”更差些，“沙脚”则为最下等。

饴　饧

制作饴糖(即“饴饧”),用稻、麦、黍、粟都可以。《尚书·洪范》篇中说:“种植的百谷可以制作甜美的食品。”由此就可以明白其中的道理了。制作饴糖的方法,是将稻、麦之类泡湿,等到它发芽后再晒干,然后煎炼调化而成。色泽以白色的为上等品,红色的叫作胶饴,在皇宫里曾一时很受推崇,这种糖含在嘴里就会溶化,外形像琥珀一样。南方制作糕点饼干的称饴糖为小糖,大概是为区别于蔗糖而取的名字。制造饴糖的人的技巧和方法很多,能千方百计将饴糖制成各种美味,品种多得不能一一列举。但是宫廷中皇族们所吃的名叫“一窝丝”的糖,是否会流传到后世,就不知道了。

蜂　蜜

酿蜜的蜜蜂普天之下到处都有,但在盛产甘蔗的地方,蜜蜂就自然减少。蜜蜂所酿造的蜂蜜,有五分之四是野蜂在山崖土穴酿造的,而出自人工养蜂割取的蜜只占五分之一。蜂蜜没有固定的颜色,有的青色,有的白色,有的黄色,有的褐色,随各地方的花性不同而不同。如菜花蜜、禾花蜜等,名目何止成百上千啊!

不论是野蜂还是家蜂,其中都有蜂王。蜂王居住的地方,造一个有如桃子般大小的台,蜂王之子世代继承王位。蜂王从生出来就不用外出采蜜,每天由群蜂轮流分班值日,采集花蜜供蜂王食用。蜂王(在春夏造蜜季节)每天出游两次,每次出游都有八只蜜蜂轮流值班伺候。当蜂王自己爬出洞穴口时,就有四只蜂用头顶着蜂王的腹部,把它顶出,另外四只蜂在周围护卫着蜂王飞翔而去,游大概几刻钟就会返回，回来时还像出去时那样由四只蜂顶着蜂王的肚腹把蜂王送进蜂巢。

喂养家蜂的人，有的把蜂桶挂在屋檐下的一头，有的把蜂箱放在窗户下面，都要钻几十个小圆孔让蜂群进入。养蜂的人，如果打死一两只家蜂都还没有什么问题，如果打死三只以上家蜂，蜜蜂就会群起螫(shì)人，这叫作蜂反。蝙蝠最喜欢吃蜜蜂，一旦它钻空子进入蜂巢，就会吃个没完没了。如果打死一只蝙蝠悬挂在蜂巢前方，其他的蝙蝠也就不敢再来吃蜜蜂了，俗话叫作枭令(斩首示众)。家养的蜜蜂从东邻分群到西舍时，一定会分一个蜂王之子去当新的蜂王，届时蜂群将组成扇形阵势簇拥护卫着新的蜂王飞去。乡下养蜂的人常常有喷洒甜酒糟用酒香来招引蜜蜂的。

蜜蜂酿造蜂蜜，要先制造蜜脾，蜜脾的样子如同一排排整齐向上的马鬃毛。蜜蜂是吸食咀嚼花心的汁液，一点一滴吐出来积累酿成蜂蜜的。再润以采来的人的小便，就会使蜂蜜变得既甘甜又芳香，这就是庄子所谓“化臭腐为神奇”的作用吧！割取蜜脾炼蜜，会有很多蜂蛹和幼虫死在里面，蜜脾的底层是黄色的蜂蜡。深山崖石上有经过好几年都没有割取过的蜜脾，已经很长时间，就自己成熟了，当地人用长竹竿把蜜脾刺破，蜂蜜随即就会流下来。有的是刚酿不到一年而又能够爬上去取下来的蜜脾，加工割炼的方法就同家养蜜蜂所酿造的蜂蜜是一样的。土穴中酿的蜜(穴蜜)多产自北方，南方因为地势低气候潮湿，只有崖蜜而无穴蜜。一斤(古时一斤为十六两)蜜脾，可炼取十二两蜂蜜。西北地区所出产的蜜占了全国的一半，因此可以说能与南方出产的蔗糖相媲美了。

中　卷

第七章　陶埏(shān)

宋先生说:通过水与火的成功交合,泥土就能牢固地结合成为陶器与瓷器。在上万户的城镇里,每天都有上千人在辛勤地制作陶器却还是供不应求,可见民间日用陶瓷的需求量非常大。修建大小房屋用来避风雨,就要用到瓴(líng)瓦。王公为了设置险阻以防守邦国,就要用砖来建造城墙和避箭的矮墙,使敌人攻不上来。泥瓮坚固,能使甜酒保持清澈;瓦器清洁,好用来盛装献祭的醋和肉酱。商周时代,用以载牲的祭祀礼器都是用木制作的,无非是注重质朴庄重的意思罢了。后来,各个地方都发现了不同特点的陶土和瓷土,人工又创造出各种技巧奇艺,制成了优美洁雅的陶瓷器皿,有的像绢似的白如肌肤,有的质地光滑如玉石。摆设在桌子、茶几或宴席上交相辉映,其色泽、图案十分美观,让人爱不释手,难道这仅仅是因为它们坚固耐用吗?

瓦

揉合泥土制造瓦片,需要掘地两尺多深,择取不含沙子的黏土来造。方圆百里之内,一定会出产适合制造瓦片的黏土,以供人们造瓦、盖房屋。民房所用的瓦是四片合在一起成型的。先用圆桶做一个模型，圆桶外壁画出四条界，把黏土调和踩成熟泥，再堆成一定高度的长方形泥墩。然后用一个铁线制成的弦弓向泥墩平拉，割出一片三分厚的陶泥，像揭纸张那样把它揭起来，再将这块泥片包紧在圆桶的外壁上。等它稍干一些，从模子上脱离出来，就会自然裂成四片瓦坯了。（见图 7－1）瓦的大小从来没有一定的规格，大的长宽达八九寸，小的则缩小十分之三。屋顶上流水的沟槽，必须要用那种叫作沟瓦的最大的瓦片，才能承受连续持久的大雨而不会溢漏。

图 7－1　造瓦

瓦坯造成并干燥之后，就堆砌到窑里面用柴火烧，有的烧一昼夜，也有的烧两昼夜，要根据瓦窑里瓦坯的多少来定烧多久才熄火。熄火后，马上在窑顶浇水，使瓦片呈现出蓝黑色的光泽，方法跟烧青砖相同。垂悬在屋檐端的瓦叫作滴水瓦，用在屋脊两边的瓦叫作云瓦，覆盖屋脊的瓦叫作抱同瓦。装饰在屋脊两头的陶鸟、陶兽，都是人工一件一件做成后放进窑里烧成的，与普通瓦是一样的。

至于皇家宫殿所用的瓦的制作方法，就大不相同了。如琉璃瓦，有的是板片形，有的是半圆筒形，这些都是用圆竹筒或木块做模型逐片制成的。所用的黏土必须是从安徽太平府运来的(用船运三千里才到达京都，有掺沙的，也有强雇民工、抢船承运的，害处非常大。甚至承天皇陵也要用这种土，没有人敢提议来纠正)，才能制造成功。瓦坯造成后，先装入琉璃窑内，每烧一百片瓦要用五千斤柴。烧成功后取出来涂上釉色，用无名异(一种矿土)和棕榈毛煎汁涂成绿色或青黑色，或者用赭石、松香及蒲草等涂成黄色。然后再装入另一窑中，减小火焰，用较低的温度烧出带有琉璃光泽的漂亮色彩。京都以外各省的亲王宫殿和寺观庙宇，也有用琉璃瓦的，各地都有它自己的色釉配方，制作方法不一定都相同，一般民房则禁止用这种琉璃瓦。

砖

用水调和泥土造砖，也要挖取地下的黏土，并察看、辨别泥土的成色。黏土有蓝色、白色、红色、黄色(福建、广东多红泥，蓝色的泥叫善泥，多在江苏、浙江)，都是以黏而不散、土质细而没有沙的为上等。先要浇水浸润泥土，再赶几头牛去践踏，踩成稠泥，然后把稠泥填满木模子，用铁线弓刮平它面上多余的泥，脱下模子就成砖坯了。(见图 7－2)

建筑各郡县的城墙和民房的院墙所用的砖中，有眠砖和侧砖两种。眠砖是卧着砌的，砌郡县的城墙和有钱人家的墙壁，就不惜工本，全部用眠砖一块一块叠砌上去。精打细算的居民则在一层眠砖上面砌两条侧砖，中间填些泥土和沙石瓦砾之类用以充实它。除了墙砖以外，还有其他的砖：铺砌地面用的叫作方墁砖，屋椽和屋桷（jué）斜枋上用来承瓦的叫作楻板砖，砌圆形小拱桥、圆拱门和墓穴用的砖叫作刀砖，或者又叫作鞠砖。刀砖用的时候要削窄一边，相靠挤紧，砌成圆拱形，即便车马践压也不会损坏坍塌。

造方墁砖的方法是，将泥放进木方框中，上面盖一块平板，两个人站在平板上面，把泥土踩压坚实，烧成后再用。石匠用这种方墁砖，要先磨削砖的四周成斜面，再用来铺砌地面。刀砖的价钱要比墙砖稍贵一些，楻板砖只值墙砖的十分之一，方墁砖的价钱则是墙砖的十倍。

砖泥做成砖坯之后，就可以装窑烧制了。每装三千斤砖要烧一个昼夜，装六千斤则要烧上两昼夜才够火候。烧砖有的用柴薪窑，有的用煤炭窑。用柴烧成的砖呈青黑色，而用煤烧成的砖呈浅白色。柴薪窑顶上偏侧凿有三个孔用来出烟，当火候已足不需要再烧柴时，就用泥封住出烟孔，然后在窑顶浇水使砖变成上了釉样的青黑色。烧砖时，凡是火候少一成的，砖就会没有光泽；火候少三成的，就叫作嫩火砖。嫩火砖是坯土的本色与烧过的砖色都有，日后经过霜雪风雨侵蚀，就会立即松散而重新变回泥土。若火候过一成，砖面就会出现裂纹；火候过三成，砖块就会缩小拆裂、弯曲不直，一敲就会碎如烂铁，不再适于砌墙。有些会使用材料的人把它埋在地里做墙脚，这也算是起到了砖的作用。烧窑时观察火候，是从窑门往里面看的，砖坯受到高温的作用，看起来好像有点晃荡，就像金银完全熔化时的样子，这要靠老师傅的经验来辨认掌握。

使砖变成釉青色的方法，是在窑顶砌一个平台，平台的四周要稍高一点，然后灌些水在上面。每烧三千斤砖瓦要灌水四十石。窑顶的水从窑壁的土层渗透下来，与窑内的火相互作用。借助水火的配合作用，就可以形成坚实耐用的砖块了。（见图 7－3）煤炭窑要比柴薪窑深一倍，顶上圆拱逐渐缩小，而不用封顶。窑里面堆放直径约一尺五寸的煤饼，每放一层煤饼就隔放一层砖坯，最下层垫上芦苇或者柴草以便引火烧窑。（见图 7－4）

皇宫里所用的砖，大厂设在山东临清，由工部设立的主管砖块烧制的分司来管理。最初定的砖名有副砖、券砖、平身砖、望板砖、斧刃砖及方砖等名目，后来有一半左右被废除了。要将这些砖运到京都，按规定每只运粮船要搭运四十块，民船可以减半。用来砌皇宫正殿的细料方砖，是在苏州烧成后再运到京都的。皇宫用的琉璃砖和釉料已记述在《瓦》那一节了，据说用的是台基厂的柴草并在黑窑中烧制而成的。

图 7－2　泥造砖坯

图 7－3　砖瓦济水转釉窑

图 7－4　煤炭烧砖窑

罂(yīng)、瓮

陶坊制造的缶(fǒu)类盛酒器有成百上千种。较大的有缸瓮，中等的有钵盂，小的有瓶罐，其式样随各地的风俗而不太一样，难以一一列举。这类陶器，必定都制作成圆形的，而不是方形的。通过实验找到适宜的陶土之后，就要制造陶车和旋盘。技术熟练的人按照将要制造的陶器的大小捏取陶泥，陶泥不用增减多少。陶泥上了旋盘后，扶泥和旋转陶车要两人配合，用手一捏就制成了。(见图 7－5)制造朝廷所用的龙凤缸(窑设在河北真定、曲阳与江苏仪真)和南直隶的花缸，陶泥就要厚一些，以便制成后再在上面雕镂刻花。

这种缸的制法跟一般缸的制法完全不同，价钱也要贵五十倍到一百倍。

罂缶有嘴和耳，都是另外调和釉料和陶泥粘上去的。陶器都有底，没有底的只有陕西以西地区蒸食物用的甑（zèng）子，它是用陶土烧制而不是用木料制成的。精制的陶器，里外都要上釉；粗制的陶器，有的只是下半体上釉。只有沙盆和齿钵之类里面不上釉，使内壁保持粗涩，以便于研磨。沙煲和瓦罐不上釉，以利于传热煮食。

制造陶釉的原料到处都有，江苏、浙江、福建和广东用的是一种蕨蓝草。它原是居民灶中烧火用的柴草，不过三尺长，枝叶像杉树，捆缚它不感到棘手(这种草有几十个名称，各地的叫法不同)。陶坊把蕨蓝草烧成灰，装进布袋里，然后灌水过滤，除去粗的而只取其极细的灰末。每两碗灰末掺一碗红泥水，搅匀，将它蘸涂到坯上，烧成后自然就会出现光泽。不了解北方用的是什么釉料，苏州黄罐釉用的是别的原料，只有朝廷用的龙凤器仍然用松香和无名异作为釉料。

瓶窑用来烧制小件的陶器，缸窑用来烧制大件的陶器。山西、浙江的缸窑和瓶窑是分开的，其他各省的缸窑和瓶窑则是合在一个地方做的。制造大敞口的缸，要先转动陶车分别制成上下两截再接合起来，接合处用木槌内外打紧。制造小口的坛瓮也是由上下两截接合成的，只是里面不便捶打，便预先在别的窑烧制像金刚圈那样的瓦圈承托内壁，外面再用木槌打紧，两截泥坯就会自然地黏合在一起了。（见图 7－6）

缸窑和瓶窑都不建在平地上，而必须建在山冈的斜坡上，长的窑有二三十丈，短的窑也有十多丈，几十个窑连接在一起，一个比一个高。（见图 7－7）这样依傍山势，既可以避免流水浸湿陶土，又可以使火力逐级向上渗透。几十个窑连接起来所烧成的陶器,其中虽然没有什么贵重值钱的东西,但也需要好多人合资合力才能做到。窑顶的圆拱砌成之后,上面要铺一层约三寸厚的细土。窑顶每隔五尺多开一个透烟窗,窑门是在两侧相向而开的。最小的陶器装入最低的窑,最大的缸瓮则装在最高的窑。烧窑发火是从最低的窑烧起,两个人面对面观察火色。大概烧制陶器一百三十斤,需要用柴一百斤。当第一窑火候足够之时,关闭窑门,再生火烧第二窑。就这样依次序逐窑生火烧到最高的窑为止。

图7-5　造瓶

图7-6　造缸

图 7-7　瓶窑连接缸窑

白　瓷

白色的黏土叫作垩(è)土，陶坊用它来制造精美的瓷器。我国只有五六个地方出产这种垩土：北方有河北的定州、甘肃的华亭、山西的平定及河南的禹州，南方有福建的德化（土出福建永定，窑却在福建德化）、江西的婺源和安徽的祁门。（其他地方出的白土，拿来造瓷坯嫌不够黏，但可以用来粉刷墙壁。）德化窑是专烧瓷仙、精巧人物和玩具的，但不适合烧实用的陶器。河北定州和河南禹州的窑所烧制出的瓷器，有的颜色发黄，暗淡而没有光泽。上述好几个地方的产品都比不上江西景德镇出产的瓷器。浙江丽水和龙泉烧制出来的上釉杯碗，墨蓝的颜色如同青漆，名字就叫作处窑瓷器。宋、元时期龙泉郡的华琉山山脚下有章氏兄弟建的窑，出品极为名贵，这就是古董行所说的哥窑瓷器。

至于我国远近闻名、人人争购的瓷器，则都是江西饶郡浮梁县景德镇的产品。景德镇自古以来就是烧制瓷器的地方，但当地并不产白土。白土出自婺源、祁门两地的山上：其中的一座名叫高梁山，出粳米土，土质坚硬；另一座名开化山，出糯米土，土质黏软。把两种白土调和起来才能做成好瓷器。将这两种白土分别做成方块，用小船运到景德镇。造瓷器的人取等量的两种瓷土放入臼内，舂一天，然后放入缸内用水澄清。缸里面浮在上面的是细料，把它倒入另一口缸中，下沉的则是粗料。细料缸中再倒出上浮的部分便是最细料，沉底的是中料。澄过之后，分别倒入窑边用砖砌成的长方塘内，借窑的热力吸干水分，然后重新加清水调和造瓷坯。

造出的瓷坯有两种：一种叫作印器，有方有圆，如瓶、瓮、香炉、瓷盒之类，朝廷用的瓷屏风、烛台也属于这一类。先用黄泥制成模印，模具或分成两半，或分成上下两截，或者是整个的。将瓷土放入泥模印出瓷坯，再用釉水涂接缝处让两部分接合起来（见图 7－8），烧出时自然会完美无缝。另一种瓷坯叫作圆器，包括数以亿万计的大小杯盘之类，都是人们日常必需的生活用品。圆器产量约占了十分之九，而印器只占其中的十分之一。制造这种圆器坯，要先制作陶车。竖直木一根，埋入地下三尺并使它稳固，露出地面二尺，在直木上安装一上一下两个圆盘，用小竹棍拨动盘沿，陶车便会旋转，在上盘的正中戴上一个用檀木刻成的盔头。

塑造杯盘没有固定模型，用双手捧泥放在盔帽上，拨盘使转。用剪净指甲的拇指按住泥底，使瓷泥沿着拇指旋转向上展薄，便可捏塑成杯碗的形状。（初学者塑不好就让它作废，陶泥反正可以取来再做。）功夫下得多、技术熟练的人，即使做千万个杯碗也如同用一个模子做出来的。在盔帽上塑造小坯时，不必加泥。塑中盘和大碗时，就要加泥扩大盔帽，等陶泥晾干以后再加工。用手指在陶车上旋成泥坯之后，把它翻过来罩在盔帽上印一下，稍晒一会儿，在坯还保持湿润时再印一次，然后把它晒得又干又白。再蘸一次水（见图 7－9），带水放在盔帽上用利刀刮削两次（执刀刮削时手若稍有振动，瓷器烧出的成品就会有缺口）。（见图 7－10）瓷坯修补整治好缺口以后就可以在旋转的陶车上打圈。（见图 7－11）打圈后可在瓷坯上绘画或写字，喷上几次水，然后再上釉。

在制造碎器、千钟粟和褐色杯等大多数瓷器时，都不用上青釉料。制造碎器，用利刀修整生坯后，要把它放在阳光下晒得极热，在清水中蘸一下随即提起，烧成后自然会呈现裂纹。千钟粟的花纹是用釉浆快速点染出来的。褐色杯是用老茶叶煎的水一抹而成的。（我国古代的"碎器"，日本人非常珍视，他们不惜重金购买真品。古代的香炉碎器，不知是哪个朝代制造的，底部有铁钉，钉头光亮而不生锈。）

景德镇的白瓷釉是用小港嘴的泥浆和桃竹叶的灰调和而成的，很像澄清的淘米水（德化窑的瓷仙釉是用松毛灰和瓷泥调成浆而上釉料的，浙江丽水和龙泉出产的青瓷釉不知道用的是什么原料）盛在瓦缸里。瓷器上釉，先要把釉水倒进泥坯里荡一遍，再张开手指撑住泥坯往釉水里点蘸外壁，点蘸时使釉水刚好浸到外壁弦边，这样釉料自然就会布满全坯。画碗的青花釉料只用无名异一种。（漆匠熬炼桐油，也用无名异当催干剂。）无名异不生在深土之下而是浮生在地面，最多向下挖土三尺深即可得到，各省都有，也分为上料、中料和下料三种，使用时要先经过炭火煅烧。上料出火时呈翠绿色，中料呈微绿色，下料则接近土褐色。每煅烧无名异一斤，只能得到上料七两，中、下料依次减少。制造上等精致的瓷器和皇帝所用的龙凤器等，都是用上料绘画后烧制成的。因此上料无名异每石值白银二十四两，中料只值上料的一半，下料只值其三分之一。

景德镇所用的釉料，以浙江衢州和江西上饶出产的为上料，也叫作浙料。江西上高县一些城镇出产的为中料，江西丰城等地出产的为下料。凡是煅烧过的青花料，要用研钵磨得极细（钵内底部粗涩，不上釉），然后用水调和。调研时，颜色如皂色的，入窑经过高温煅烧就变成了青碧色。制造紫霞色的碎器的方法是，先把胭脂石粉打湿，用铁线网兜盛着碎器放到炭火上炙热，再用湿胭脂石粉一抹就成了。宣红瓷器是烧制而成之后再用巧妙的技术借微火炙成的，红色并不是朱砂经火烧留下来的颜色。（宣红器在元朝末年已经失传，明朝正德年间经过反复试验又重新造出来了。）

瓷器坯子经过画彩和上釉之后，装入匣钵。（装时如果用力稍重，日后烧出的瓷器就会凹陷变形，不再像原来那么周正了。）匣钵是用粗泥造成的，它们一个泥饼托住另一个瓷坯，底下空的部分用沙子填实。大件的瓷坯一个匣钵只能装一个，小件的瓷坯一个匣钵可以装十几个。好的匣钵可以装烧十几次，差的匣钵用一两次就坏了。把装满瓷坯的匣钵放入窑中，然后点火烧窑。窑顶上有十二个空的圆孔，叫作天窗。烧二十四个小时火候就足了。先从窑门发火烧二十个小时，火力由下向上攻，然后从天窗丢进柴火入窑烧四个小时，火力从上往下透。（见图 7 - 12）瓷器坯子在高温烈火中软得像棉絮一样，用铁叉取出一个样品用以检验火候是否已经足够。火候已足了，就要停止烧柴火了。如此合计造一个瓷坯所费的工夫，要经过七十二道工序才能烧成瓷器，其中一些细节还难以计算在内。

图 7-8　瓷器过釉

图 7-9　瓷器汶水

图 7-10　过利图

图 7－11　打圈图

图 7－12　瓷器窑

第八章　冶铸

宋先生说：相传上古黄帝时代已经开始在山西首山采铜铸鼎，可见冶铸的历史真是渊源久远呀。自从全国九州都进贡金属铜给夏禹铸成象征天下大权的九个大鼎以来，冶铸金属的技术也就日新月异地发展起来了。金属本是从泥土中产生出来的，当它被铸造成器物来供人使用时，它的形状又跟泥土造的母模一个样，这正是所谓“以土为母”“母模子肖”。在金属铸件的精、粗、大、小之间，可以发现：钝拙的可以用来舂东西，锋利的可以用来耕地，薄壁的可以用来烧水煮食而使民间百姓人丁兴旺，空腔的可以用来振荡空气而使声波振荡，美妙的乐音得以悠然响起。善良虔诚的信徒模拟仙界神佛的体态为人间造出了精致逼真的偶像。心灵手巧的工匠抓住天上月亮的隐约轮廓而造出了流通天下的钱币。诸如此类，任凭人们屈指头、唱筹码，又哪里能够说得完呢？简而言之，这些东西单靠人力是达不到这种效果的，要靠人力和自然力相协调才能做到。

鼎

铸鼎（见图8－1）的史实，尧舜以前的已无法考证了，至于传说夏禹铸造九鼎，那是因为当时九州缴纳田地赋税的条例已经颁布，各地每年进贡的物产和品种已经有了具体规定，河道也已经疏通，“九州贡赋壤则”的准则业已形成并写成文字。由于担心后世的帝王增加赋税来敛取百姓财物，各地诸侯用一些由奇技淫巧做出来的东西冒充贡品，以及后来治水的人不遵从原来的法则，夏禹就把这一切都铸刻在鼎上，法令规章不会像书籍那样容易丢失，使后人有所遵守而不能任意更改，这就是当时夏禹铸造九鼎的原因。经过了许多年代，刻在鼎上的图画，如珍珠、鳖（jì）鱼、狐狸、毛织物以及兽皮之类，可能因为锈蚀而变了样，那些学问不深、见识少的人就以为这是怪物。因此，《左传》中才有禹铸鼎是为了教百姓懂得识别妖魔鬼怪而避免受到妖魔伤害的说法。这些鼎到了秦朝时就绝迹了。而春秋时期郜（gào）国的大鼎和莒国的两个方鼎，都是诸侯国自行铸造的，即使有一些刻画，也已失去禹王制定九州贡法的初衷，只不过名为古旧之物罢了。后世的图书很多，可能是上古的百倍，也就不必再铸鼎了，这里特地说一下。

图 8-1　铸鼎图

钟

钟是金属乐器中居丁首位的乐器。它的声音一响，大的十里之内都可以听得到，小的也能传到一里多。所以，君王临朝听政、官员升堂审案一定要用钟声来召集下属或者民众；各地方上举行乡饮酒礼，也一定会用钟声来和歌伴奏；佛寺仙殿，一定会用钟声来打动人间世俗朝拜者的诚心，唤起对阴间异界鬼神的敬意。

铸钟的原料，上等的好材料是铜，下等材料是铁。现在朝廷北极阁所悬挂的朝钟完全是用响铜铸成的，每口钟总共花费铜四万七千斤、锡四千斤、黄金五十两、银一百二十两。铸成以后重达两万斤，钟身高一丈一尺五寸，上面的双龙蒲牢图像高二尺七寸，直径八尺。这就是当今朝钟的规制。（见图 8－2）

铸造万斤钟和铸鼎的方法是相同的。先挖掘一个一丈多深的地坑，坑内保持干燥，把它构筑得像房舍一样。用石灰、细砂和黏土调和的土筑成内模，要求做得没有丝毫的裂缝。内模干燥以后，用牛油加黄蜡在上面涂几寸厚。油和蜡的比例：牛油占五分之四，黄蜡占五分之一。在钟模型的顶上搭建一个高棚用以防蔽日晒雨淋。（夏天不能做模子，因为油蜡不能冻结。）油蜡层涂好并将表面抹光后，就可以在上面雕刻所需的各种文字和图案，一丝一发都能刻画成型。再用舂碎和筛选过的极细的泥粉和炭末，调成糊状，逐层涂铺在油蜡上至几寸厚。等到外模的里外都自然干透坚固后，便在外面用慢火烤炙，使里面的油蜡熔化而从模型的开口处流干净，这时，内外模之间的空腔就成了将来钟、鼎成型的地方了。

每一斤油蜡空出的位置需填铜十斤。即塑模时用去十斤油蜡，就需要准备好一百斤铜。内外模之间的油蜡流净后，就着手熔化铜了。要熔化的火铜如果达到万斤以上，就不能再靠人的手脚来挪移浇铸了。那就要在钟模的周围修筑多个熔炉和泥槽，槽的上端承接炉的出口，下端倾斜接到钟鼎模的流入铜的浇口上，槽的两旁要用炭火围起来（以防止液体金属流过时冷却凝滞）。当所有熔炉的铜都熔化时，就一齐打开流入铜液的槽梗（事先用泥土把槽梗塞住）。铜液就会如同水流那样从泥槽中像竹笕（jiǎn）引水一样注入模内，钟或鼎就这样铸成了。一般而言，万斤以上的铁钟、香炉和大锅，它们的铸造方法都是相同的，只是塑造模子的细节可以由人们根据不同的条件与要求适当省略而已。至于铸造千斤以内的钟，就不必这么费劲了，只要多制作十来个小炉子就行了。这种炉子炉膛的形状像个箕子，用铁条做骨架，用泥塑造即成。炉体下部先用铁片圈两个筒直穿过去形成两个孔，以便于将抬杠穿过。这些炉子都平放在土墩上，所有的炉子都一起鼓风熔铜。铜熔化以后，就用两根杠穿过炉底，轻的两个人，重的几个人，一起抬起炉子，把铜液倾注进模孔中。甲炉一倾注完，乙炉就跟着迅速倾注，丙炉再跟着倾注，这样模子里的铜就会自然黏合。如果各炉倾注时互相承接太慢，那些先注入的铜液快冷凝了，就难以与后注入的铜液互相黏合，缝隙便由此产生了。（见图 8－3）

能让铸造铁钟的模子不致浪费太多油蜡的方法，是先用黏土制作外模，剖成左右两半，或是上下两截，并在剖面边上制成有接合的子母口，然后将文字和图案反刻在外模的内壁上。内模要缩小一定的尺寸，以使内外模之间留有一定的空间，这要经过精密的计算来确定。外模刻好文字和图案以后，还要用牛油润滑它，以使他日浇铸时铸件不黏在模上，然后把内外模盖合起来，并用泥浆把内外模的接口缝封好，便可以进行浇铸了。（见图 8－4）巨磬（qìng）、云板的铸造方法都与此相类似。

图 8－2　朝钟同法

图 8－3　铸千斤钟与仙佛像图

图 8－4　塑钟模图

釜

锅是用来烧水煮饭的，人们的日常生活离不开它。铸造铁锅一般是用生铁或者废铸铁器为原料。锅的大小没有固定的规格，常用的铸锅直径为二尺左右，厚约二分。小的铸锅直径为一尺左右，厚薄不减少。铸锅的模子分为内外两层。先塑造内模，等它干燥以后，按锅的尺寸折算好，再塑造外模。这种铸模要求尺寸造得非常精准，因为尺寸有毫厘偏差，模子就没有用了。

模子塑造好并干燥后，用泥捏造熔铁炉。铁炉的中膛像个锅，用来装生铁和废铁原料。炉背接一条可以通到风箱的管，炉的前面捏一个出铁嘴。每一炉所熔化的铁水大约可浇铸十到二十口锅。生铁熔化成铁水以后，用镶嵌着泥的带手柄的铁勺子从出铁嘴接盛铁水，一勺子铁水大约可以浇铸一口铁锅。铁水倾注到模子里，不必等到它冷下来就要揭开外模，察看有没有裂缝和铁水没流到的地方。这时锅身还是通红的，没有变黑，发现有铁水尚未浇到的地方，就要随时补浇少量的铁水，并用湿草片按平，不让锅留下任何修补的痕迹。（见图 8－5）

生铁初次铸锅时，需要这样补浇的地方很多，只有用废铁锅回炉熔铸的，才不会有隙漏。（朝鲜国的风俗是，锅破了以后一定要丢弃到山中，不再回炉。）铁锅铸成以后，测试它好坏的方法是用小木棒敲击它。如果响声像敲硬木头的声音那样沉实，就是一口好锅；如果有其他杂音，就说明铁水中的铁质还没有达到很纯净的程度，这种锅将来容易损坏。国内有的大寺庙里，铸有一种“千僧锅”，可以煮两石米的粥，那真是一个笨重的家什。

图 8-5　铸釜图

像

铸造仙佛铜像，塑模方法与朝钟一样。但是钟、鼎不能接铸，仙佛铜像则可以多次接合铸造，所以在浇注时不费事。不过，这种接模工艺对精确度的要求是最高的。

炮

铸造大炮，西洋红夷炮、佛郎机等用熟铜为原料，信号炮和短枪等用的是生、熟铜各一半，襄阳炮、盏口炮、大将军炮、二将军炮等，则是用铁铸造。

镜

铸镜的模子是用糠灰加细沙做成的，镜本身的材料是铜与锡的合金（不使用锌）。《考工记》中也说：“金和锡各一半，是适用于铸镜的合金配比。”镜面能够反光，那是由于镀上了一层水银，而不是铜本身能这样光亮。唐朝开元年间宫中所用的镜子，都是用白银和铜各半配合在一起铸成的，每面镜子价值几两银子就是这个缘故。铸件上有些像朱砂一样的红斑点，那是其中夹杂着金银的表现（古代铸造的香炉有些是掺入了金子的）。明朝宣德炉的铸造，是由于当时某库偶然发生火灾，里面的金银夹杂着铜、锡都熔成一团，官府便下令用它来铸造香炉（真品的炉面上闪耀着金色的斑点）。唐镜和宣德炉都是王朝昌盛时代的产物。

钱

将铜铸造成钱币，是为了方便民众贸易往来。铜钱的一面刻印着“某某（年号或国号）通宝”四个字，由工部下属的一个分司主管这项工作。通行的铜钱十文抵得上白银一分的价值。一个大钱的面值相当于普通铜钱的五倍或者十倍，发行这种大钱的弊端是容易导致私人铸钱，反而会坑害百姓，因而中央和地方都只通行一阵大钱之后就马上停止了。

铸造十斤铜钱，需要用六七斤红铜和三四斤锌（北京把锌叫作水锡），这是粗略的比例。锌每经过高温加热一次就要耗损四分之一。我（明）朝通用的铜钱，成色最好的是北京宝源局铸造的黄钱和广东高州府宝泉局铸造的青钱（高州钱通行于福建漳州、泉州一带）。这两种钱每一文相当于南京直隶操江局和浙江铸钱局铸造的铜钱两文。黄钱又分为两等,用经过四次熔炼净化的四火铜铸造的叫作金背钱,用二次熔炼净化的二火铜铸造的叫作火漆钱。

铸钱时用来熔化铜的坩埚,是用最细的泥粉(以打碎的干土砖粉为最好)和炭粉混合后制成的(北京的熔铜坩埚还加入了牛蹄甲,还不知道它起什么作用)。其配料比例,是每十两坩埚料中,泥粉占七两而炭粉占三两,因为炭粉的保温性能很好,是辅佐泥粉而使铜更易于熔化的物品。熔铜坩埚高八寸,口径二寸五分。一个熔铜坩埚大约可以装铜和锌十斤。冶炼时,先把铜放进熔铜坩埚中熔化,然后加入锌,鼓风使它们熔合之后,再倾注入模子。

铸钱的模子,是用四根木条构成空框(木条各长一尺二寸,宽一寸二分),用筛选过的非常细的泥粉和炭粉混合后填实空框,再撒少量的杉木或柳木炭灰到粉末的面上,或者用燃烧松香和菜籽油的混合烟熏过,然后把成百枚(用锡雕成的)母钱(钱模)按有字的正面或者按无字的背面铺排在框面上。又用一个填实泥粉和炭粉的木框如上述方法合盖上去。这样合盖之后,就构成了钱的底、面两框模,再随手把它翻转过来,揭开前框,则全部母钱就脱落在后框上面了。再用另一个填实了的木框合盖在后框上,照样翻转,就这样反复做成十几套框模,最后把它们叠合在一起用绳索捆绑固定。木框的边缘上原来留有灌注铜液的口子,铸工用鹰嘴钳把熔铜坩埚从炉里提出来,另一个人用钳托着坩埚的底部,共同把铜液注入模子中。冷却之后,解下绳索打开框模,便可看到密密麻麻的成百个铜钱像累累果实结在树枝上一样。(见图 8-6)因为模中原来的铜水通路已凝结成树枝状的铜条网了,把它夹出来将钱逐个摘下,就只等磨锉加工成钱币了。加工时先锉铜钱的边沿,可用竹条或木条穿上几百个铜钱一起锉,然后逐个锉平铜钱表面不规整的地方。(见图 8-7)

铜钱质量的高低以锌的含量多少来辨别区分，它的轻重与厚薄，是明显易见的。由于锌价低而铜价贵，私铸铜币的人甚至用铜、锌对半开来铸铜钱。将这种钱掷在石阶上，发出像木头或石块落地声响的，就是含铜成色低的钱。若是成色高质量好的钱，应是铜占十分之九，锌占十分之一，把它掷在地上，会发出铿锵的金属声。用废铜器铸造铜钱的，每熔化一次就会损耗十分之一。因为其中的锌会挥发掉一些，铜的含量逐渐提高，所以铸造出来的铜钱的成色就会比用新铜第一次铸成的铜钱要高。琉球一带铸造的银币，模子就刻在铁钳头上，当银熔化的时候，将铁钳头伸进坩埚里夹取银液后，提出来往冷水中一淬，一块银币就落在水里了。“倭国造银钱”的图也一并附在后面。（见图 8－8）

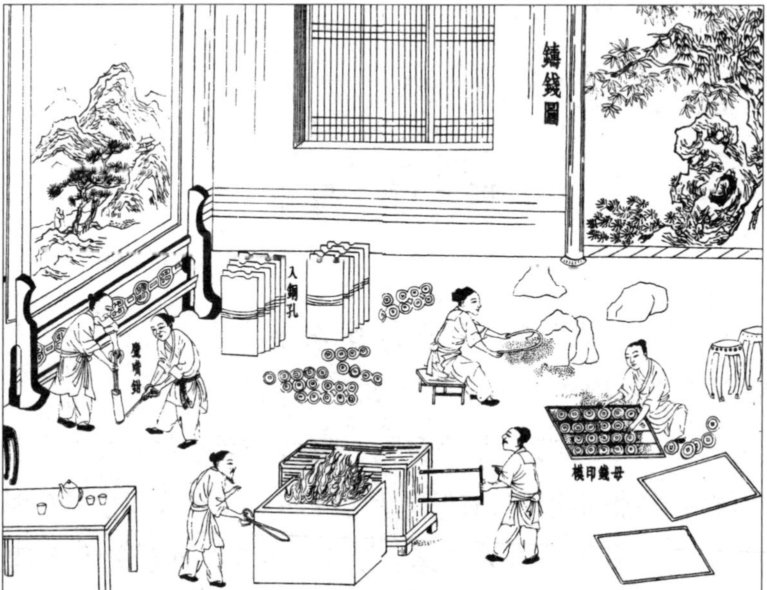

图 8－6　铸钱图

图 8-7　鎈钱

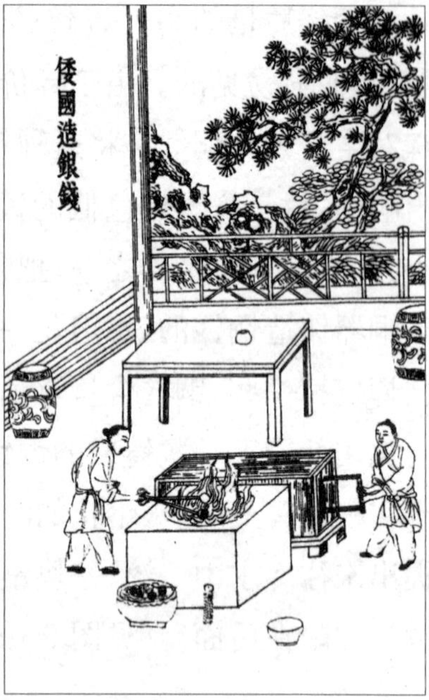

图 8-8　倭国造银钱

第九章　舟车

宋先生说：人类分散居住在各地，各地的物产各有不同，只有通过贸易交往才能构成整个世界。如果人们都各居一方而老死不相往来，那凭什么来构成人类社会呢？有钱、有地位的人要出门到外地的时候，往往怕走远路；有些物品虽然价钱低贱，却也是生活所必需，因为缺乏也就需要有人贩运。从全国来看，南方多凭借船运，而北方多用车运。人们凭借车和船，翻山渡海，沟通各地的物资贸易，使得京都繁荣起来充满生气。然而，为什么最早发明并创造车、船的人，却没有受到人们的敬仰崇拜呢？人们驾驶船只漂洋过海，长年在大海中航行，把万顷波涛看成如同平地一样，这和列子乘风飞行的故事没有什么不同。如果把历史书上记载的车辆创造者奚仲等人称为“神人”，不也是可以的吗？

舟

船的古名、今名都有成百上千种，有的根据船的形状来命名（比如海鳅、江鳊、山梭之类的名字）。有的按照船的载重量（或者船载物的数量）来命名，有的依据造船的木质（各种木料）来命名，名目多得难以一一述说殆尽。在海滨游玩的人可以见到远洋船，在江边居住的人可以看到运粮的漕舫。如果一生局限在山区或老死于平原之地，那所见到的只能是独木舟或者截流漂行的筏子罢了。这里粗略记载几种船的形制规格，其余的可以按例类推。

漕　舫

京都是军队与百姓聚居的地区，全国各地都要利用水运来向它提供物质储备，漕船运输就是这样兴起的。（见图 9－1）元朝统一全国之后，决定以北京为都城。当时由南方到北方的航运通道，一条是从苏州的刘家港出发，一条是从海门的黄连沙出发，都沿海路直达天津，用的是有遮阳设备的遮洋船，一直到明朝的永乐年间还是这样。后来，因为海洋中风浪太大，危险过多，而改为由运河为主的内河航运了。

永乐元年封为平江伯的陈某，首先提倡制造平底的浅船，也就是现在的运粮船。这种船，船底相当于建筑物的地基，船身相当于它的墙壁，上面用阴阳竹覆盖相当于屋顶的瓦。船头最顶上的那一根大横木相当于屋前的门楼柱，船尾上的横木架就相当于寝室。船上的桅杆就像一张弩的弩身，风帆和帆索就像弩的翼，摇船的橹相当于拉车的马，拉船的纤索相当于脚上的鞋子，那些系住铁锚的长缆以及绑紧全船的大索则很像鹰和雕那些猛禽的筋骨，船头的第一桨是开路先锋，船尾控制方向的舵则是指挥航行的主帅，锚的作用则是为了安营扎寨。

航运粮船最初的规格是：船底长五丈二尺，使用的木板厚二寸，最好采用大木之中的楠木，其次是栗木。船头长九尺五寸，船尾长九尺五寸。船底宽九尺五寸，船底前部宽六尺，船尾宽五尺，船头顶部的大横木长八尺，船尾相应的横木长七尺，整个船由船面横梁及其连接木头（包括两侧肋骨、底梁和隔舱板）形成的构架一共有十四个。其中接近船头的龙口梁长一丈，到船底的距离为四尺，树立中桅的使风梁长一丈四尺，高出船底三尺八寸。船尾的后断水梁长九尺，离船底四尺五寸。船楼两旁的通道共宽七尺六寸。这些都是初期漕船的尺寸规格，每艘漕船的载米量接近两千石（每只船每次只需缴五百石便算足额了）。

后来由漕运军造的漕船，私自把船身增长了二丈，船头和船尾各加宽了二尺多，这样便可以载米三千石了。运河的闸口原有一丈二尺宽，可以让这种船勉强通过。现在官用的旅游船，大小规格与此完全相同，只是船上舱楼的门窗宽了一些，外加一番精工装修和华彩装饰罢了。

建造漕船时要先从船底造起，船底的两侧紧靠着船身，船身上面承受着铺船栈板，漕船下面接触到地面。相隔一定距离安置着的一批横贯船身的木头叫梁。船底两旁高高竖立的是船身。盖在船身木头最顶上的一根粗大方柱形木头叫作正枋，而在每根正枋上面还有一片纵长木板叫作弦。梁前面竖桅的地方叫作锚坛，锚坛底部固定桅杆根部的结构叫作地龙。船头和船尾各有一根连接船体的大横木叫作伏狮，在伏狮的两端下面紧靠着船身的一对纵向木叫作拿狮，在伏狮之下还有一块由三根木串联着的拦浪板叫作连三枋。船头中间空开一个方形舱口叫作水井（里面用来收藏缆索等物品）。船头两边竖起两根用以系结缆索的木桩，叫作将军柱。锚坛船尾底下两侧倾斜着的木材叫作草鞋底，它后面封头下的一根木头叫短枋，短枋下靠船尾边的一根底梁叫挽脚梁（也叫尾扎脚梁）。在船尾掌舵人所居处上面盖着的篷叫作野鸡篷（漕船扬帆时，一个人坐在篷顶上负责收守蓬索）。

凡是身长将近十丈的漕船，要竖立两根桅杆，中间的桅杆竖在船中间再朝前两个梁位处，船头的桅杆要比中间的桅杆靠前一丈多。运粮船中间的桅杆长的一般达八丈，短的则可能会缩短十分之一二。桅身进入舱楼至舱底的部分长达一丈多，悬挂帆篷的位置要占桅杆总长的五六丈。船头桅杆的高度还不及中间桅杆的一半，帆的纵横幅度也不到中间的桅杆上所挂帆的三分之一。苏州、湖州六郡一带运米的船，大多要经过石拱桥，而且没有长江、汉水那样的风险，所以桅杆和帆的尺寸都要缩小。如果是航行到湖广及江西等省的船，由于过湖过江会遇到突然的风浪，所以锚、缆、帆和桅杆等，都必须严格按照规格来建造，这样才能没有后患。风帆的大小也要跟整个船身的宽度一致，太大了会有危险，太小了就会风力不足。

风帆的材质是用破开竹子制成的篾片编织的，每编成一块就要夹进一根带篷缰的篷挡竹条做骨干，这样既可以逐块折叠，又可以让风帆紧贴着桅杆升起悬挂。运粮船中间的桅杆上所挂的帆，需要十个人一齐用力才能升到桅杆顶，而船头的桅杆上所挂的帆只要两人拉就足够了。安装帆索时，先将直径约一寸的木制滑轮绑在桅杆顶上，然后把绳索带在腰间沿着木桅杆爬上去，把三股绳索交错着穿过滑轮。风帆受的风力，顶上的一叶相当于底下的三叶。把它调节顺畅，顺着风力将帆扬到最顶端，船就会快如奔马。如果风力一次一次不断增大，就要逐渐把帆叶降下来(遇到很大的风，帆叶鼓得太厉害而降不下来时，就要用搭钩拉扯)。风力很猛烈时，带一两叶帆就够了。

利用从横向吹来的风航行就叫作抢风。如果船只顺水而行，就可以升起风帆按“之”字形或者“玄”字形的路线游水行进。如果操纵船帆把船抢向东，只能平过对岸，甚至还可能会后退几十丈。这时趁船还未到达对岸，便应立刻转舵，并把风帆调转为抢向西，这是借助水势和风力的挤压而使船不得不斜向顺水而下，一下子便可以行进十多里。如果是在平静的湖水中，也可以缓慢地转抢斜行。但如果是逆水行舟，那就一步也难以行进了。船跟着水流走就如同草随着风儿摆动一样，所以要利用舵来挡水，使水不按原来的方向流动，舵板一转，一股水流就会顺着船流动。

舵的尺寸，其下端要同船底平齐。如果舵比船底长出一寸，那么当遇到水浅时，船底已经通过了，船尾的舵却会被卡住，要是风力很大的话，那一寸木带来的麻烦就难以形容了。反之，若舵比船底短了一寸，那么舵的运转力就会弱，船身回转也就不够敏捷了。舵板挡住的水，相应地流到船头为止，此时船底下的水好像一股急切的顺流，所以船头就能自然而然地转到一定方向，这中间的灵活巧妙是难以用言语说清的。

舵上的操纵杆名叫关门棒，要船头向北就将关门棒扭转向南，要船头向南就将关门棒扭转向北。船身太长而横向吹来的风又太猛，舵力不足，就要赶紧放下吹风一侧的那块劈水板，用来增加水对船的横向阻力以抵消风势。船舵要用一根直木做舵身(运粮船上用的舵周长三尺，长一丈多)，上端凿个横孔插进关门棒，下端锯开一个接口，用来夹紧舵板，构成斧头般的形状，然后用铁钉钉牢便可以挡水了。船尾凸起来的地方，也叫作舵楼。

铁锚是用来沉入水底而将船稳定住的。一条运粮船上共有五或六个锚，其中最大的锚叫作看家锚，重达五百斤左右，其余的锚在船头上用两个，船尾部也用两个。船在航行中如果遇到逆风无法前进又不能靠岸停泊的情况（或者已经接近岸边，但是水底是石头而不是沙土，也不能停泊，这时只能在水深的地方赶紧抛锚），就要将锚抛下沉入水底，把系锚的长索缠绕在将军柱上。锚爪子一接触到泥沙，就能陷进泥里抓住。如果情况十分危急，便要抛下看家锚。系住这个锚的缆索叫作“本身”（命根子），这就是说它至关重要的意思。若同一航向航行的船只，走在前面的受阻了，怕自己的船会顺势急冲向前，有互相撞伤的危险，那就要赶快抛下船尾锚拖住船只，把船速减下来。风静了要开船，就要用绞车绞缆把锚提上来。

填充船板间的缝隙要用捣碎了的白麻絮结成筋，用钝凿把筋塞进缝隙里，再用筛得很细的石灰拌和桐油，以木棒舂成油灰团嵌塞船缝，封住麻筋。浙江温州、台湾、福建及两广等地都用贝壳灰来代替石灰。船上所用的帆索是用火麻纤维（也叫大麻）纠绞而成的。帆索直径达一寸多，即便系住万斤以上的东西也不会断。至于系锚的那种锚缆，则是用破开竹子剖析成的青篾条做的，这些篾条要先放在锅里煮透再纠绞。拉船的纤缆也是用煮过的篾条绞成的，每十丈以上要在篾条中间做个圈作为接口，以便碰到障碍时可以用手指出力将篾条掐断。竹的特性是纵向拉力强，一条竹篾可以承受极大的拉力。凡是经三峡进入四川的上水船，往往不用纠绞的纤索，而是把竹子破成一寸多宽的竹片，整条整条互相连接起来，这就叫作火杖。因为沿岸的崖石棱角锋利得像刀刃一样，破成竹篾条反而更容易损坏。

造船所用的木料，桅杆要选用匀称笔直的杉木，杉木长度不够的可以接长，在接合部用铁箍一寸寸包箍紧即可。在舱楼前面，应当空出一块地方以便树立桅杆。树立船中间的桅杆时，要拼合几条大船来共同承载，然后用靠系在桅杆顶的长缆索将它拉吊起来。船上的梁和构成船身的长木材都要选用楠木、槠木、樟木、榆木或者槐木（春夏两季砍伐的樟木，时间长了会被虫蛀）。衬舱底或者铺面的栈板则不论什么木料都可以。舵杆要使用榆木、榔木或者槠木。关门棒要用椆木或者榔木。橹要用杉木、桧木或者楸木。这里所阐述的只是有关漕船的一些要点。

图 9－1　漕舫图

海　舟

在海洋中航行运米的船，在元朝和明朝初年叫作遮洋浅船，小一点的叫作钻风船（即海鳅）。海船的航道仅限于经过长江口以北的万里长滩、黑水洋和沙门岛等地方，一路上并没有什么大的风险。制造这种海船的工本费，还不到那些出使琉球、日本和到爪哇、笃泥等地经商的海船的十分之一。

遮洋浅船的规格，比漕船长一丈六尺，宽二尺五寸。船上的设备都相同，只是遮洋浅船的舵杆必须要用铁力木造，糊舱板缝的灰要用鱼油加桐油拌和，不知道这是出于什么理由。外国的海船跟遮洋浅船的规格大同小异。福建、广东的远洋船（福建的远洋船由海澄开出，广东的远洋船由澳门开出）把竹子破成两半编成排栅，竖立在船的两旁用来挡海浪。山东登州和莱州的方法又不太一样。日本的海船是在船的两旁安装带有把手的栏板，由人拨动栏板来挡水。朝鲜的方法又不一样。

至于在船头、船尾都安装罗盘用来辨定航向，船中腰的大横梁伸出几尺以便于插进腰舵，这些都是相同的。腰舵的形状跟尾舵不同，它是把宽木板斫成刀的形状，插进水中后并不转动，只是对船身起平衡作用。它上面还有个横把拴在梁上，遇到搁浅时就可以提起来，因为它有点像舵，所以就叫作腰舵。海船出海时，要用竹筒储备几石淡水，估计足够供应船上的人食用两天，一旦遇到岛屿，就再补充淡水。无论到什么地方、什么岛屿，需要按什么方向航行，罗盘针都会指示得很清楚，看来这恐怕不是光凭人的智力、经验所能够掌握的。舵手们相互配合操纵海船，其见识和魄力简直到了将生死置之度外的境界，这可不是只凭一时鼓起的勇气就能够做到的。

杂　舟

长江、汉水上行驶的官府用来运载税银的课船：船身十分狭长，前后一共有十多个舱，每个舱只能容纳一个人睡觉休息。整只船总共有六把桨和一座小桅帆，在风浪当中就靠这几把桨划行掌控。如果不遇上逆风，一昼夜顺水就可行四百多里，逆水也能行驶一百多里。明朝的盐税中，淮阴和扬州一带征收的数额很大，所以设置这种船来运送税银，名叫“课船”。（见图 9－2）来往旅客想要赶速度的，往往也租用这种船。课船的航线一般是南从江西的章水、贡水出发，西从湖北的荆州、襄阳出发，到江苏的瓜洲、仪真（今仪征）为止。

三吴浪船：在浙江的西部至江苏的苏州之间纵横七百里的范围中，到处都是深沟和迂回曲折的小溪，这一带的浪船（最小的叫作塘船）数以十万计。旅客无论贫富都搭乘这种船往来，以代替车马或者步行。这种船即使很小也要装配上窗户、厅房，所用的木料多是杉木。人和货物在船里要做到保持两边平衡，不能有多达一石的偏重，否则浪船就会倾斜，因此这种船俗称“天平船”。这种船来往的航程通常在七百里之内。有些贪图安逸方便的人，租它一直往北驶达通州和天津。沿途只有长江南岸的镇江要横渡一次，那要等风平浪静时才能过江。还要渡过淮阴的清江浦，再在黄河浅水逆行二百里，才可以进闸口，然后驶入安稳的运河水路。长江上游水急浪大，那是浪船永远要避开而不能经过的。浪船的推动力全靠船尾那根粗大的橹，由两三个人合力摇橹而使船前进，或者是靠人上岸拉纤使船前进。至于船的风帆，那不过是一块巴掌大小的小席罢了，船的行进是不能靠它的。

东浙西安船：浙江东部从常山至钱塘江之间航程八百里，水流径直入海，不通其他航道，因此这种船的航线是从常山、开化、遂安等小河起，一直到钱塘江为止，不用再走别的航道。这种船用箬竹叶编成拱形的篷当顶盖，用棉布缝成风帆，高两丈多，帆索也是棉质的。当初采用布帆，据说是因为钱塘江有潮涌，当情形危急时布帆更容易收下来。但也未必一定是这个原因，它的造价比起篾席的帆要高好多，很难弄明白当地要使用棉布船帆的原因。

福建清流船、梢篷船：这两种船仅航行于由光泽、崇安两小河起到福州洪塘为止的一段，再下去的水道就是海了。清流船用于运载货物和客商，梢篷船则仅可供人坐卧，这是达官贵人及其家属所用的。这两种船都是用杉木做船底。途中经过的河滩礁石很危险，船只碰破或损坏的情况常常发生，遇到这种情况就要马上停船靠岸，抢卸货物以便堵塞漏洞。这种船的尾部不安装船舵，而是在船头安装一把叫作“招”的大桨来使船转向。每次要联合五只船结伴才可开行，经过急流险滩时，后面四只船的人都要上岸用缆索往后拉住第一只船，以减慢它的速度。船工长年在外，即使是在寒冷的冬天也不穿鞋子，以便经常涉水。据说这种船的风帆竟是挂而不用的。

四川八橹等船：四川的水源本来是和长江、汉水相通的，但是四川的船只仅仅航行到湖北的荆州为止，再往下行驶就要更换另一种船了。从湖北宜昌进入三峡的船上水航行，拉纤的人用的是将大竹子破开成四片或六片，再用麻绳缠紧连接起来的竹纤，名叫火杖。船上的人击鼓像划船竞赛一样，拉纤的人在岸上山石之间听到鼓声都一起鼓劲。到中夏至中秋期间，江水涨满封峡，就停止行船几个月。直到水位下降，船只才继续通行往来。这段航道要经过湖北新滩等几处极其危险的地方，人与货物都要盘运上岸，转运半里多路，只剩下空船在江里行走。这种船腹部圆而两头尖狭，为的是能在险滩处劈波斩浪。

黄河满篷梢船：从黄河进入淮河，再从淮河进入河南的汴水，使用的都是这种船。造满篷梢船的材质是楠木，工本费相当高。船的大小不等，大的可以载重三千石，小的载五百石。顺水行驶时，在船头与船身交接处安上一根横梁伸出船的两边，挂上两把粗大的橹，人在船两边摇橹使船顺水而下。至于铁锚、缆索、纤索和风帆等的规格，和长江、汉水中的船大致相同。

广东黑楼船、盐船：北起广东南雄、南到广州都使用这两种船，但从广东的惠州、潮州通行至福建的漳州、泉州，就应在河道的出海岔口改乘海船了。黑楼船是达官贵人坐的，盐船是用来运载货物的。人可以在船的两侧行走。风帆是用蒲草席做成的，使用的不是单桅杆而是双桅杆，因此不像中原地区的船帆那样可以随意转动。逆水航行时要靠纤缆拖动，在这一点上和其他各省的都相同。

黄河秦船（俗名摆子船）：这种船大多出自陕西的韩城，大的可以装载石头数万斤，顺流而下，供淮阴、徐州一带使用。它的船头和船尾都一样宽，船舱和梁都比较低平，并不怎么凸起。当船顺着急流而下的时候，摇动两旁的巨橹使船推进，船的来往不必凭借风力。逆流返航时，往往在岸上拉纤的人要二十多个，甚至有丢弃船只空手返回的。

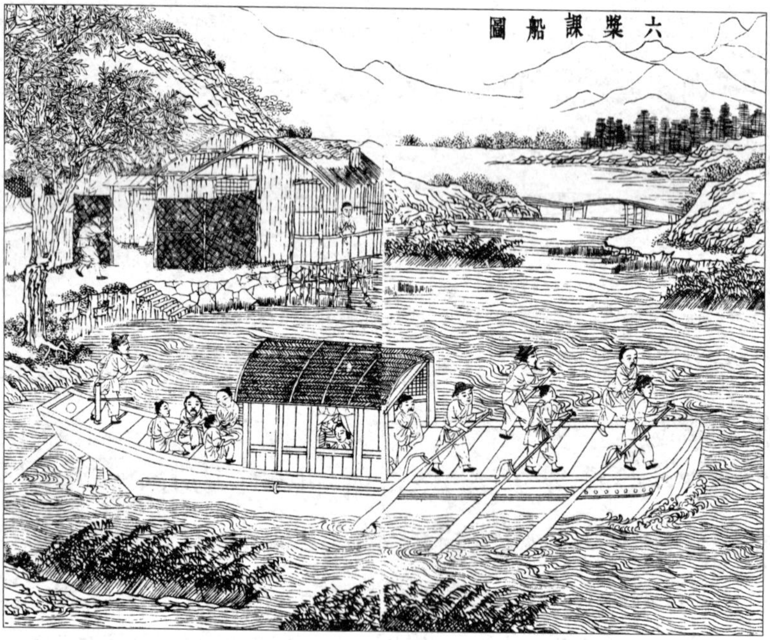

图 9-2　六桨课船图

车

车适合于平地上通行。战国时期，陕西、山西、河北与山东之间的交往及各诸侯国之间的战争都必须使用车辆，因此就有所谓“千乘之国”“万乘之国”的称号。秦末项羽与刘邦血战之后，战车的使用才逐渐减少。南方的水战用的是船，陆战用的是步兵和骑兵，向北进攻匈奴的军队，双方都使用骑兵，战车也就派不上用场了。现在，人们又驭马驾车运载重物，可见今天的骡马车相当于过去的战车。

骡车有四轮的，也有双轮的，车上面的承载支架都是从轴那里连接上去的。四轮的骡车，前两轮和后两轮各有一根横轴，在轴上竖立的短柱上面架着纵梁，这些纵梁上面承载车厢。当停马脱驾时，车厢平正，就像坐在房子里那样安稳。两轮的骡车，行车时马在前头拉，车厢平正；停马脱驾时，则用短木向前抵住地面来支撑，否则车就会向前倾倒。

马车的车轮叫作辕（俗名叫作车陀）。这种大车中心装轴的毂（俗名叫车脑）周长一尺五寸（见《诗经·秦风·小戎》朱熹所注）。这是外接辐条中穿车轴的一个重要部件。每个车轮的辐条共有三十片，它的内端插入毂中，外端连接轮的内缘。在车轮之中，由于它向内集中于辐，外接轮圈（辋），也是圆转一圈的，因此也叫作辅。轮圈（辋）外边就是整个轮的最外周，叫作轮辕。大车收车时，一般都把几个部件拆卸下来进行收藏。要用车时先装两轴，然后依次装车架、车厢。因为轼、衡、轸、轭等部件都是承载在轴上的。

四轮的大马车，运载量可达五十石，所用的骡马，多的有十二匹或者十匹，少的也有八匹。执鞭驾车的人位居车厢中间，站在高处。车前的马分为前后两排（战车以四匹马为一排，靠外的两匹叫作骖，居中的两匹叫作服），用黄麻拧成长绳，分别系住马脖子，收拢成两束，并穿过车前中部横木（衡）进入厢内左右两边。驾车人手执长鞭，鞭是用麻绳做的，约七尺长，鞭竿长度与鞭长相等，看到有不卖力气的马，就挥鞭打它。车厢内要安排两个人负责踩绳，这两人必须识马性和会掌绳子。如果马跑得太快，就要立即踩住缰绳，否则可能发生翻车事故。车在行进时，如果前面遇到行人应停车让路的，驾车人就要立即发出吆喝声，这样马就都会停下来。马缰绳收拢成束并透过衡（前横木）进入车厢那一段，都要用牛皮束缚，这就是《诗经》中所说的“游环胁驱”。（见图 9－3）

大车在中途喂马时，不必将马牵入马厩里，车上载有柳条盘，解索后让马就地进食。乘车的人上下车都要经由小梯。凡是经过坡度比较大的桥梁时，就要在十匹马之中选出最强壮有力的一匹，系在车的后面。下坡时，前面九匹马缓慢地拉，后面一匹马拼命把车拖住，以减缓车速，不然就会有危险了。大车在行进过程中，遇到河流、山岭和曲径小道都要停下来。徐州、兖州和河南汴梁一带，方圆三百里很少有河流和湖泊，马车正好用以弥补船舶水运的不足。

造车的木料，先要选用长的做车轴，短的做毂（轴承），以槐木、枣木、檀木和榆木（用榔榆）为上等材料。因为黄檀木摩擦久了会发热，所以有些谨慎细心的人就选用两手才能合抱的枣木或者槐木来做，那当然是最好的了。轸、衡、车厢及轭等其他部件，则是各种木材都可以做。

此外，用牛车装载草料的以山西为最多。到了路窄的地方，就在牛颈上系个大铃，名叫“报君知”，正如一般骡马车的牲口都系上铃铛一样。还有北方的独辕车，驴子在前面拉，人在后面推，不能持久骑坐牲口的旅客常常租用这种车。车的座位上面有拱形席，用以挡风和遮阳。（见图 9－4）旅客一定要两边对坐，不然车子就会倾倒。这种车子，可以北上至陕西的西安和山东的济宁，还可以直达北京。不载人时，载货最多的可达四五石。还有一种用牛拉的轿车，只盛行于河南。这种车两旁有双轮，中间穿过一条横轴，轴装得非常平。再架起几根短横木，轿就安置在上面，人坐在轿中很安稳，牛停下来脱驾时车也不会倾倒。至于南方的独轮推车，就只能靠一个人推。（见图 9－5）这种车可以载重两石，遇到高低不平的坎就过不去，最远也只能走一百里。其余的各种车辆难以一一列举。只是考虑到南方人没有见过大骡车，而北方人又没有见过大船只，因而粗略地介绍了一下。

图 9－3　合挂大车图

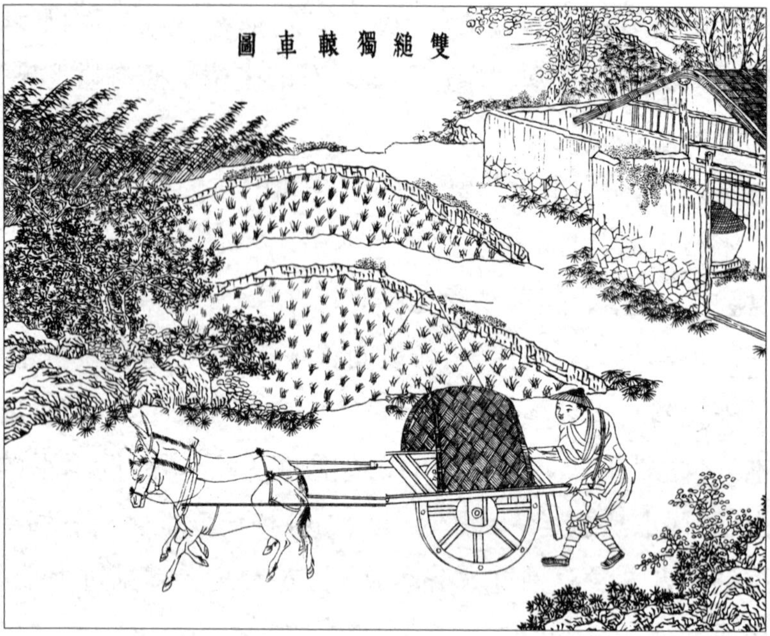

图 9－4　双缒独辕车图

图 9－5　南方独推车图

第十章　锤锻

宋先生说:金属和木材经过加工而成各式各样的器物。假如世界上没有精良的工具,即使是鲁班和倕这样的能工巧匠,又怎么能施展他们精巧的技艺呢?各种兵器及各种金属乐器,如果没有钳子和锤子发挥作用,它们的功用也就被泯灭了。同样出自熔炉烈火,各种器物的大小形状都不一样。有重达千钧能在狂风巨浪中系住大船的铁锚,也有轻如羽毛的可在礼服上刺绣出花样的小针。这就使得冶铸神鼎的技巧不得不束手让位于锤锻五金所铸就的奇功了。莫邪、干将这两把雌雄宝剑,传说后来还化成双龙在空中飞跃,这个传说大概也有它的根据吧!

冶　铁

锻造铁成为器具,是采用已由生铁炼成的熟铁。先将铁铸成砧,作为承受敲打的垫座。俗话说"万器以钳为祖",这并不是没有根据的。刚出炉的熟铁,叫作毛铁。锻打时有十分之三会变成铁花和铁屑被耗损掉。已经成为废品但还没锈烂的铁器叫作劳铁,用它做成别的或者原样的铁器,再经锤锻只会耗损十分之一。铁炉中熔化铁所用的炭,其中煤炭约占十分之七,木炭约占十分之三。山区没有煤的地方,锻工便选用坚硬的木条烧成坚炭(俗名叫作火矢,它燃烧时不会变为碎末而堵塞通风口),它的火焰比烧煤更加猛烈。煤炭当中有一种叫作铁炭的,特点是燃烧起来火焰并不明显但是温度很高，它与通常烧饭所用的煤形状相似，但不是同类。

铁的特性是，逐节黏合起来时，要在接口处涂上黄泥，上火烧红后立即锻打，那些泥渣就会全部飞掉，这是利用它的“气”来作为媒介。锤合之后，要不是烧红了再砍开的话，它是永远不会断的。熟铁或者钢铁烧红锤锻之后，由于水火还未完全配合起来并且相互作用，因此质地还不够坚韧。趁它们出炉时将其突然浸入清水中，使之急速冷却（淬火），便是人们所说的“健钢”和“健铁”。这就是说，钢铁在未淬火变硬之前，它在性质上还是脆弱的。至于焊铁的方法，西方各国有一些特殊的焊接材料。我国的小焊是用白铜粉作为焊接材料，大的焊接则是尽力敲打使之强行黏合，然而过了一些年月后，接口也就脱焊而不牢固了。因此，制造大炮在西方有的是锻造而成的，中国则完全是靠铸造而成的。

斤 斧

铁制的兵器之中，薄的叫作刀剑，背厚而刃薄的叫作斧头或者砍刀。最好的刀剑，外面包的是百炼钢，里面仍然用熟铁当骨架。如果不是钢面铁骨的话，猛一用力它就会折断。通常所用的刀斧，只是嵌钢在刃部表面。即使是能够斩金截铁的贵重宝刀，磨过几千次以后，也会把钢磨尽而现出铁来。日本出产的一种刀，刀背还不到两分宽，架在手指上却不会倾倒，不知道是用什么方法锻造出来的，这种技术还没有传到中国来。

凡是健刀健斧，都要先嵌钢或者包钢，锻打整齐后再浸入水中淬火。要使它锋利，还得在磨石上下功夫才行。锻打斧头和铁锤装木柄的中空管子，都要先锻打一条铁模当作冷骨，名叫羊头，然后把烧红的铁包在这条铁模上敲打。冷铁模不会黏住热铁，取出来后自然形成中空管子。打石用的锤子用久了四面都会凹陷下去，用熔铁水补平后继续使用也没什么问题。

锄、镈

开垦土地、种植庄稼这些农活，都要使用锄和镈（宽口锄）这类农具。它们都是先用熟铁锻打成形，再熔化生铁淋在锄口上，入水淬火之后，就会变得十分坚硬了。锻造时，锹、锄每重一斤，需淋生铁熔液三钱，生铁淋少了不够刚硬，淋多了又会因过于硬脆而容易折断。

鎈

锉刀（即“鎈”）是用纯钢制成的，在锉刀淬火之前，它的钢质锉坯也还是脆软的。这时先用经过淬火的硬钢小凿在锉坯表面划出成排的纵纹和斜纹，注意在划凿锉纹时要斜向进刀，纹沟才能有火焰似的锋芒。划凿之后再将锉刀烧红，取出来稍微冷却一下，放进水中进行淬火变硬。锉刀用久了会变得平滑，这时应先行退火使得钢质变软，然后用钢凿划凿出新的纹沟。使用锉刀，开锯齿可以先用三角的茅叶锉，再用半圆的快弦锉。修平铜钱可用方长牵锉，加工锁和钥匙一类可用方条锉，加工骨角可用剑面锉[朱熹《四书集注》中所说的“鑢锡（tàng）”]。加工木器钻成圆孔，不必用纵纹和斜纹的钢锉，而用一种木工专用的香锉。（凿划锉纹时，要先将盐、醋及羊角粉拌和，涂上后再凿。）

锥

钻孔的锥子是用熟铁锤击成的，不必掺入钢。装订书刊之类的东西用的是圆钻，穿缝皮革等用的是扁钻。木工转索钻孔以便引钉拼合木板时用的是蛇头钻。蛇头钻的钻头有二分长，一面为圆弧形，两面挖有空位，旁边起两个棱角，以便于蛇头钻转动时更容易钻入。钻铜片用的是鸡心钻，鸡心钻身上有三条棱的叫旋钻，钻身四方而末端尖的叫打钻。

锯

锻造锯片，先把熟铁锻打成薄条，锻造中既不掺杂钢也不需要淬火。把薄条烧红取出来退火以后，再不断地锤击，使它变得坚韧，然后用锉刀开齿。锯条的两端衔接短木作为锯把，中间连接一条横梁，用竹篾纠扭使锯片张开绷直。长锯用来锯开木料，短锯用来截断木料，锯齿最细的可用来锯断竹子。锯齿磨钝时，就用锉刀将一个个锯齿锉得锋利，然后就可以继续使用了。

刨

刨子是把一寸宽的嵌钢铁片磨得锋利，稍微露出点刃口，斜向插入木刨框中，用来刨平木料的工具，古名叫作准。大的刨子是仰卧露出点刃口的，用手拿着木料在它的刃口上抽削，这种刨叫作推刨。制圆桶的木工要用它。平常用的刨子，在刨的木框上穿上一条横木，像一对翅膀，手执横木往前推。精细的木工还备有起线刨，这种刨子的刃口宽二分。还有一种能把木面刮得极为光滑的，叫作蜈蚣刨，是在一个刨框上装十几把小刨刀，好像蜈蚣的脚。

凿

凿子是用熟铁锻造而成的，凿子的刃口部嵌钢，上身是一截圆锥形的空管，是用来装进木柄的。（锻凿时先打一条圆锥形的铁骨做模，这叫作羊头，加工铁勺的木柄也要用到它。）用斧头敲击凿柄，凿子的刃就能插入木料而凿出孔。凿子的刃口宽的一寸，窄的约三分。需要凿圆孔的，则要另外制作一种弧形刃口的剜凿来做。

锚

每当船只航行遇到大风难以靠岸停泊的时候，全船身家性命就完全依靠锚了。战船或者海船的锚，重量可达上万斤。它的锻造方法是先锤成四个铁爪子，然后将铁爪子逐一接在锚身上。三百斤以内的铁锚，可以先在炉旁安一块直径一尺的砧，当锻件的接口两端都已烧红，便掀去炉炭，用包着铁皮的两根木棍把它夹持着抬到砧上锤锻。如果是一千斤左右的铁锚，则要先搭建一个木棚，让许多人都站在棚上，一齐握住铁链，铁链的另一端套住锚身两端的大铁环，把锚吊起来并按需要使它转动，众人合力把锚的四个铁爪逐个锤击合上去。（见图10－1）接铁用的黏合药不是黄泥，而是筛过的旧墙泥粉，由一个人不断地把泥粉撒在接口上，一起与铁质锤击合上，这样，接口才不会有缝隙。在炉锤工艺中，锚算是最大的锻造物件了。

图 10－1　锤锚图

针

制造针一般是先将铁片锻打成细条。再用一根铁尺，在上面钻出小孔作为线眼，然后将细铁条从线眼中抽过便成铁线，将铁线逐寸剪断就成了针坯。先把针坯的一端锉尖，而另一端用小锤打扁，再用钢锥钻出针鼻（穿针眼），又把针的周身锉平整。这时再把针放入锅里，用慢火炒。炒过之后，用泥粉、松木炭和豆豉这三种混合物掩盖，下面再用火蒸。留两三根针插在混合物外面作为观察火候之用。当外面的针完全氧化到能用手捻成粉末时，表明混合物盖住的针已经达到火候了。然后开封，浸入水中淬火变硬，便做成针了。（见图 10－2）凡是缝衣服和刺绣所用的针，质地都硬。只有福州附近马尾镇的工人缝帽子所用的针才比较软，因而又叫“柳条针”。针与针之间的软硬差别的诀窍就在于淬火方法的不同。

图 10－2　抽线琢针图

冶　铜

纯净的红铜要加锌熔炼成黄铜（铜锌合金）后才能制造成各种器物，如果加砒霜等配料冶炼，红铜就合炼成白铜，白铜加工困难、成本高，只有奢侈的有钱人家才用到它。熔炼黄铜，由一种含碳酸锌的矿石——炉甘石升炼而成的黄铜，熔化后要趁热敲打；若是加入锌而冶炼成的，则要在熔化出炉后经过退火冷却再锤击。铜和锡的合金（制法详见本书《第十四章　五金》）叫作响铜，用来做乐器，制造时要用完整的一块加工而不能由几部分焊接而成。而其他的方形或者圆形的铜器，却可以通过焊接或者加温黏合。小件焊接用锡粉做焊料，大件焊接用响铜做焊料。（把铜打碎加工成粉末，要用米饭黏合着舂打，再泡入水中把饭渣洗掉便能得到铜粉了。如果不用米饭黏合，舂打时铜粉就会四处飞散。）若是焊接银器，就要用红铜粉做焊料。

锻造乐器时，钲（zhēng，俗称锣）不必事先铸造，把铜熔成一团之后直接锻打。但锻造镯（俗称铜鼓）和丁宁（行军时用的铜钲）的时候，就要先铸成圆片，再进行锻打。无论是钲还是镯，都要把铜块或铜片铺在地上进行敲打。其中大的铜块或者铜片还要众人齐心合力敲打才行，铜块或铜片由小逐渐展阔，冷件敲打会从物体本身发出类似于弦乐的声音，在铜鼓中心要打出一个凸起的圆泡，然后用冷锤敲定音色。（见图 10－3）声音分为高音与低音，关键在于圆泡的厚薄及深浅的细微差别。重打数锤后，铜片变薄，它的音调就比较低。铜质经过敲打后，表层会变成哑白色而无光泽，但是经过锉工加工之后又呈现黄色而恢复光泽了。敲打时铜的损耗量，只是铁器损耗量的十分之一。铜有腥味而色泽美观，所以说铜匠要比铁匠高出一等。

图 10－3　锤钲与镯图

第十一章　燔石

宋先生说：在水、火、木、金、土这五行之中，土是产生万物的根本。从土中产生的众多物质之中，贵重的岂止有金属这一类啊！金属和火相互作用而熔融流动，这种功用真可以算是足够大的了。石头经过烈火焚烧而成就它的功用，好像是越来越奇特了。水会浸坏东西，只要有空隙，水就必定会渗透，可说是连一根头发丝那么小的裂缝都不放过。但是，有了石灰这一类调和以填补缝隙的东西，用它来填补船缝就能确保大船经得起海洋波澜的冲击，用来砌砖筑城则能使城墙坚固。人们并不需要经过多长时间或长途跋涉就能得到这种宝物。因此，大概没有什么东西比烧石的功用更大的了。至于矾能呈现出五色的形态，硫黄能成为群石的主将，这些也都是从烈火中变化生成的。炼丹术可以说是最巧妙的，然而，尽管炼丹术士费尽唇舌地吹嘘，又怎能比得上自然力的万分之一呢！

石　灰

石灰是由石灰石经过烈火煅烧而成的。石灰石一旦烧成了石灰这种物质之后，即便遇到水也永远不会变坏。多少船只，多少墙壁，凡是需要填隙防水的，一定要用到它。方圆百里之内，必定会有可供煅烧石灰的矿石。这种矿石以青色的为最好，黄白色的则差些。这种石灰石一般埋在地下二三尺，可以挖取进行煅烧，但表面已经风化的就不能用了。煅烧石灰的燃料，用煤的约占十分之九，用柴火或者炭的约占十分之一。先把煤掺泥做成煤饼，然后一层煤饼一层石相间着堆砌，底下铺柴引燃煅烧。（见图 11－1）质量最好的叫作矿灰，最差的叫作窑滓灰。火候足后，石头就会变脆，放在空气中会慢慢风化成粉末。需急用的时候洒上水，也会自动散开。

石灰若用来补塞船缝，就与桐油、鱼油调拌后再加上舂烂的厚绢、细罗，用木杵沾着油灰一下一下去塞补船缝。用石灰来砌墙砌石块，则要先筛去石灰中的石块，再用水调匀黏合。用石灰来砌砖铺地面，则仍用油灰。用来粉刷或者涂刷墙壁时，则要先将石灰水澄清，再加入纸筋，然后涂刷。用来造坟墓或者建蓄水池时，则是用一份石灰加两份河沙和黄泥，再用粳糯米饭和猕猴桃汁拌匀，轻轻筑一下便很坚固，永远不会毁坏，这就叫作三合土。石灰还有其他用途，如染色、造纸等，用途繁多而难以一一列举。但在温州、台州、福州、广州一带，沿海的石头不能用来煅烧石灰的，就寻找天然的牡蛎壳来代替它。

图 11 1 煤饼烧石成灰

蛎 灰

海滨一些背靠石山面临海水的地方，由于咸质的海浪长期冲击，生长出一种蛎房，福建一带称为“蚝房”。经过长时间积累而形成的这种蛎房可以长到几丈高、几亩宽，外形高低不平，如同石头的假山一样。一些蛤蜊一类的生物被冲压进入像岩石似的蛎房里面，经过长久消化就变成了肉团，名叫“蛎黄”，味道非常珍美。煅烧蛎灰的人，拿着锥和凿子，涉水将蛎房凿取下来（药房销售的牡蛎就是这种碎块），将蛎壳和煤饼叠砌在一起煅烧就变成石灰了，这与前面所说的烧石灰的方法相同。（见图 11－2）用它来砌城墙、桥梁，或调和桐油用来造船，功用都与石灰相同。有人误以为蚬灰（即蛤蜊粉）是牡蛎灰，是因为没有考察客观事物的缘故。

图 11－2　凿取蛎房

煤　炭

煤炭在全国各地都有出产，供冶金和烧石之用。南方不生长草木的秃山底下便有煤，北方却不一定是这样。煤大致有三种：明煤、碎煤和末煤。明煤块头大，有的像量具斗那么大，产于河北、山东、陕西及山西。明煤不必用风箱鼓风，只需加入少量木炭引燃，便能日夜炽烈地燃烧。明煤旁边夹带的碎屑，则可以用干净的黄土调水做成煤饼来烧。碎煤有两种，多产于江苏、安徽和湖北等地区。碎煤燃烧时，火焰高的叫作饭炭，用来煮饭烹调；火焰平的叫作铁炭，用于冶炼锻造。碎煤先用水浇湿，入炉后再鼓风才能烧红，以后只要不断添煤，便可继续燃烧。末煤呈粉状的叫作自来风，用泥水调成饼状，放入炉内，点燃之后，便和明煤一样，日夜燃烧不会熄灭。末煤有的用来烧火做饭，有的用来炼铜、熔化矿石及升炼朱砂。至于烧制石灰、矾或者硫，上述三种煤都可使用。

采煤经验多的人，从地面上的土质情况就能判断地下是不是有煤，然后往下挖掘，挖到五丈深左右才能得到煤。煤层出现时，毒气冒出能烧伤人。一种方法是将大竹筒的中节凿通，削尖竹筒末端，插入煤层，毒气便通过竹筒往上空排出，人就可以下去用大锄挖煤了。井下发现煤层向四方延伸，人可以横打巷道挖取。巷道上面要用木板支护，以防崩塌伤人。（见图 11－3）

煤层挖完以后，要用土把井填实，经过二三十年后，井下的煤又会重生，取之不尽。煤层底板以及周围的一种石卵，被当地人叫作铜炭的，可以用来烧取皂矾和硫黄。（详见后面的条文）只能用来烧取硫黄的铜炭，气味特别臭，叫作臭煤，在北京的房山、固安与湖北的荆州等地有时还可以采到。煤炭经过燃烧后，煤质全都随火焰变化散去了，不会留下灰烬和渣滓。这是自然界中介于金属与土石之间的特殊品种。煤不产于草木茂盛的地方，可见自然界安排得十分巧妙。若说煤的炊事功用还有不足之处的话，那就只有不适合用于做豆腐而已。（用煤炉煮豆浆，结成的豆腐会有焦苦味。）

图 11－3　挖煤

矾石、白矾

明矾是由矾石烧制而成的。白矾（即明矾）这种东西，到处都产，出产最多的是山西的晋州和安徽的无为州等地，它的价钱十分便宜，同寒水石的价钱差不多。然而，把水烧开之后，将明矾放入沸水中溶化并用它来染东西时，它就能够固结在所染物品的表面，使其他的水分永不渗入。所以，制蜜饯、染画纸、染红纸都要用到明矾。将干燥的明矾粉末撒在患处，还能治疗流出臭水的湿疹和疱疮等病症，因此它也是治疗皮肤病所急需的药品。

烧制明矾要先挖取矾石，将矾石块与煤饼逐层垒积进行烧炼，如同烧石灰一样。等到火候烧足的时候，让它自然冷却，再放入水中溶解。明矾的水溶液煮沸了，会看见盛盘中有一种东西飞溅出来，这东西俗名叫作蝴蝶矾，这时明矾就制成功了。煮浓之后，要装入缸内澄清。上面凝结的一层，颜色非常洁白，叫作吊矾。沉淀在缸底的叫作缸矾。质地轻如棉絮的叫作柳絮矾。溶液蒸发干之后，剩下一种色白如雪的东西，叫作巴石。白矾经方药家煅制后用来当作粉药的，叫作枯矾。

青矾、红矾、黄矾、胆矾

皂矾、红矾、黄矾，都是由同一物质（含铁的化合物）变化而来，性质却各不相同。先收取煤炭外层的矿石（俗名“铜炭”），每次放入炉中五百斤，再在炉内用一千多斤煤饼（不必鼓风就能燃烧的那种煤粉，名叫自来风）从周围包住这些矿石。在炉外修筑一堵土墙绕圈围着，炉顶留出一个圆孔，孔径如茶碗口那么大，让火焰直接从炉孔中透出，炉孔旁边用矾渣盖严实。（这种矾渣不知从什么时候开始就有了。凡是起新炉子，不用旧渣掩住炉孔就会烧不成功。）然后从炉底发火，估计这炉火要连续烧十天才能熄灭。燃烧时炉孔眼不时会有金色光焰冒出来。（具体如何取硫，后文将详细叙述。）

煅烧十天之后，等矾石冷却了才可取出。其中半酥碎的另外挑出，名叫时矾，用来煎炼红矾。那些像矿灰样的精华部分就取出来放入缸里，用水浸泡约六个小时，过滤后再放入锅中煎炼。每十石水溶液熬成一石，火候才够了。等水煎干之后，上层结成的是优质的皂矾，下层便是矾渣（下一炉的炉孔旁就用此渣掩盖）。（见图 11－4）这种皂矾是印染业所必需的原料。整个中原地区制矾的也只有五六家。大概每五百斤石料可以炼出皂矾二百斤来。另外挑出的时矾（俗名又叫鸡屎矾），每斤加进黄土四两，再入罐熬炼，便成红矾了。泥水工和油漆工经常用到这种矾。

图 11-4 烧皂矾图

至于黄矾的出现就更加奇异了，那就是炼皂矾的炉旁土墙，因为每年春夏炼皂矾时吸附了矾的蒸气，到了霜降与立冬相交的季节，土墙上就会自然析出这种矾来，好像淮北的砖墙上生出火硝一样。把它刮取下来，便是黄矾，染坊经常会用到它。如果金色太淡了，把黄矾涂上去放在火上一烤，立刻就会变成紫红色。那些从外国运来的黄矾，打破以后中间会现出金丝的，名叫波斯矾，是另外一个品种。

山西、陕西等地烧硫黄的山上，那些废渣随地丢弃，两三年后，其中的矾质经过雨水的浸淋溶解，流到山沟里，经过蒸发就自然会结成皂矾。这种皂矾，取用或拿去卖，都不必再熬炼了。其中色泽最好的，听说还有人用来冒充石胆。

石胆又叫作胆矾，也产自山西晋州、隰(xí)县等地，胆矾是在山崖洞穴中自然结晶的，因此它的绿色具有宝石般的光泽。将烧红的铁器淬入胆矾水中，铁器上会立刻镀上一层铜膜，现出黄铜的颜色。

《本草纲目》中记载的矾虽然有五类，但并没有区别它们的来源和关系。其中的昆仑矾状态如同黑泥，铁矾好像赤石脂，都是西北边域出产的。

硫　黄

硫黄是由烧炼矿石时得到的液体经过冷却后凝结而成的。过去著书的人误以为硫黄都是煅烧矾石而取得的，就把它叫作矾液。其实煅烧硫黄的原料，有的来自当地特产的白石，有的出自煤矿的煅烧矾石，这就是矾液的说法之所以混杂的缘由。又有人说中国凡是有温泉的地方就一定会有硫黄，可是，东南沿海一带出产硫黄的地方并没有温泉，这可能是因为温泉的气味很像硫黄的猜想之言吧。

烧取硫黄的矿石与煤矿石的形状相同。挖取了硫黄矿石之后，先用煤饼包裹矿石并堆垒起来，外面用泥土夯实建造成熔炉。每炉的石料和煤饼都装载上千斤，炉上用烧硫黄的旧渣掩盖，炉顶中间要隆起，空出一个圆孔。火力烧到一定程度，炉孔内便会冒出金黄色的蒸气。预先请陶工烧制一个中部隆起的钵盂，钵盂边缘往内卷成像鱼膘状的凹槽，烧硫黄时，将钵盂覆盖在炉孔上。硫黄的黄色蒸气沿着炉孔上升，被钵盂挡住而不能散发，于是便冷凝成液体，沿着钵盂的内壁流入凹槽，又透过小眼沿着冷却管道流进小池子，最终凝结而变成固体硫黄。（见图 11－5）

用含煤黄铁矿烧取皂矾，当黄色的蒸气上升时，也可以用这种钵盂掩盖的方法收取硫黄。得硫一斤，就要减收皂矾三十多斤，因为皂矾的精华都已转化为硫黄了，剩下的枯渣便成了废物。

制造火药的主要原料，硫黄是纯阳，硝石是纯阴，两种物质合在一起相互作用，能引起爆炸，产生巨大的声响，这是自然界变化出来的神奇之物。

北方少数民族居住的地方不出产硫黄，或者也有可能出产硫黄而不会炼取。新式枪炮出现在西洋与荷兰，这说明由东往西数万里，都有出产硫黄的地方。那些所谓琉球的土硫黄、广东南部的水硫黄，都是一些错误的记载。

图 11 - 5　烧取硫黄图

砒　石

烧砒霜的原料好像泥土却又比泥土坚硬，类似石头却又比石头容易碎，掘土几尺就能够开采到。江西广信（今上饶）、河南信阳一带都有砒井，因此砒石又名信石。近来生产砒霜最多的是湖南衡阳，一个工厂的年产量有达到上万斤的。开采砒石的井中，上面常常会有绿色的浊水，开采时要先将水吊上来除尽，然后再往下凿取。砒霜有红、白两种，各由原来的红、白色砒石烧制而成。

烧制砒霜，先在地下挖个土窑堆放砒石，在上面砌个弯曲的烟囱，然后把铁锅倒过来覆盖在烟囱口上。（见图 11－6）在窑下引火焙烧，烟便从烟囱内上升，熏贴在锅的内壁上。估计锅壁上已贴砒霜有一寸厚时就熄灭炉火。等前面烧的烟火冷却后，便再次起火燃烧，这样反复几次。一直到锅内贴满数层砒霜，才把锅拿下来，打碎锅而剥取砒霜。因此现在锅底的砒霜常有铁渣，那是破锅的碎屑。白砒霜的制作方法只有这一种。至于红砒霜，则还有在冶炼含砷的银铜矿石时，由分金炉内放出的蒸气冷结而成的。

图 11－6　烧砒图

烧制砒霜时，操作者必须站在风向上方十多丈远的地方。风向下方所触及的地方，草木都会死去。所以烧砒霜的人两年后一定要改行，否则就会须发全部脱光。人只要吃一点点砒霜就会立即死亡。然而，每年却有价值千百万的砒霜畅销无阻，这是因为山西等地乡民要用它来给豆和麦子拌种，还要用它来驱除田中的鼠害；浙江宁波、绍兴一带，种水稻用砒霜蘸秧根，水稻便能获得丰收。不然的话，砒霜仅仅用于火药和炼制白铜，那又能用得了多少呢！

第十二章　膏液

宋先生说：天体的运行是昼夜平分，人们却夜以继日地劳动，难道只是爱好劳动而厌恶安闲吗？让纺织女工在柴火的照耀下织布，读书人借助于雪的反光来读书，这又能做得成什么事呢？草木的果实之中含有油膏脂液，但它是不会自己流出来的。要凭借水火、木石来加工，才能使油脂倾注而出。人的这种聪明和技巧，真不知是从哪里得来的！

人们运载东西到远处去，依靠的是船和车。车轴只要有少量的润滑油，车轮子就能旋转；船身有一石油灰，缝隙就可以完全填补好。如果不是油脂这东西在发挥功用，船和车也就无法通行了。至于切碎的蔬菜入锅烹调，如果没有油，就好比啼哭的婴儿没有奶吃一样，都是不行的。如此看来，这油脂的功用哪能局限于一个方面呢？

油　品

食用的油，以芝麻油、萝卜子油、黄豆油和白菜子油等为上品，而苏麻（形似紫苏，粒大于芝麻）油、芸薹子（江南叫作菜子）油次之，茶子（油茶树高的有一丈多，茶子外形像金樱子，去壳取仁）油次之，苋菜子油再次之，大麻仁［粒如胡荽（suī）子，剥取它的皮可以搓制绳索]油为下品。

燃灯用的油则以乌桕核仁榨出的水油为上品，其次是油菜子油，亚麻仁（陕西所种的亚麻，俗名叫“壁虱脂麻”，气味不好，不堪食用）油次之、棉花子油又次之，芝麻油又其次（用来点灯耗油量最大），桐油和桕混油则为下品（桐油毒气熏人，连皮膜榨出的桕混油凝结不清）。制造蜡烛，则以桕皮油最为适宜，蓖（bì）麻子油次之，加白蜡凝结的桕混油其次，加白蜡凝结的各种清油又其次，樟树子油再次之（点灯时光度不弱，但有人不喜欢它的气味）。冬青子油更差一些（韶关地区专用这种油，但嫌它的含油量少，因此列为次等）。北方普遍用的牛油，则是很下等的油了。

芝麻和蓖麻子、樟树子，每石可以榨油四十斤。萝卜子每石可以榨油二十七斤（味道很好，对人的五脏很有益）。油菜子每石可以榨油三十斤，如果除草勤、土壤肥、榨油时方法又精细周到，还可以榨四十斤（要是放置一年，则子实内空而无油）。茶子每石可以榨油十五斤（油味像猪油一样好，但得到的枯饼只能用来引火或者药鱼）。桐子仁每石可以榨油三十三斤。将乌桕树子核和皮膜分开榨时，可以得到皮油二十斤、水油十五斤，混合榨时则可以得桕混油三十三斤（子、皮都必须清理干净）。冬青子每石可以榨油十二斤。黄豆每石可以榨油九斤（江苏南部和浙江北部一带榨取豆油食用之外，还把豆枯饼做喂猪的饲料）。白菜子每石可以榨油三十斤（油清澈得好像绿水一样）。棉花子每百斤可以榨油七斤（刚榨出来时油色很黑，混浊不清，放置半个月后就很清了）。苋菜子每石可以榨油三十斤（味道很甜美，但嫌冷滑）。亚麻仁、大麻仁每石可以榨油二十多斤。这里所列举的只是一些大概的情况，至于其他油料及其榨油率，因为没有进行深入考察和试验，或者有的已在某个地方试验过而其他地方并不知晓的，那就有待以后再进行补述了。

法 具

制取油脂的方法，除了压榨法之外，还有用两个锅煮取的方法，如用来制取蓖麻油和苏麻油。北京有研磨法，朝鲜有舂磨法，用来制取芝麻油。其余的油都是用压榨法制取的。榨具大的要用周长达到两臂围拢才能环抱的木材来做，木头中间要挖空。用樟木做的最好，用檀木与杞木做的要差一些（杞木做的要防止地面潮湿，湿则容易腐烂）。这三种木材的纹理都是缠绕扭曲的，没有纵直纹。因此把尖的楔子插在其中并尽力舂打时，木材的两头不会拆裂，其他有直纹的木材则不适宜。中原地区长江以北很少有两臂围拢的大树，就可用四根木拼合起来，用铁箍箍紧，再用横栓拼合起来，中间挖空，以便它承受榨油的油料，这样就使分散的木料有了完整木材的功用了。

挖开木料做榨框，木料中间能挖空多少，要以木料的大小为准。大的可以装下一石多油料，小的还装不了五斗。做油榨时，要在中空部分凿开一条平槽，用弯凿进入中间，削圆上下，再在下沿凿一个小孔，再削一条小槽，使榨出的油能流入承接的器具中。平槽长约三四尺，宽约三四寸，大小根据榨身而定，没有一定的格式。插入槽里的尖楔和枋木只有用檀木或者柞（zuò）木来做比较适宜，其他木料不合用。尖楔用刀斧砍成而不需要刨，因为要它粗糙而不要它光滑，以免它滑出。撞木和受撞的尖楔都要用铁圈包箍住头部，这是怕它开裂散开。（见图 12－1）

榨具准备好了，就可以将蓖麻子或油菜子之类的油料放进锅里，用文火慢炒（凡柏子、桐子这类属木本植物生的子实，都要碾碎后蒸熟而不必经过炒制）到透出香气时，再取出来碾碎、入蒸。炒蓖麻子、菜子，比较适宜的是铸一口六寸深的平底锅，将子仁放进锅后不断翻拌。如果锅太深，翻拌又少，就会因子仁受热不均匀而损伤油质，降低产量。炒锅要斜放在灶上，跟蒸锅大不一样。碾子要将槽埋在土里面(木制的要用铁片覆盖)，上面用一根木杆穿过圆铁饼的圆心，两人相对一齐向前推碾。资本雄厚的则用石块砌成牛碾，一头牛拉碾的劳动效率相当于十个人的劳动力。也有些子实，不适合碾而适合磨的，例如棉花子之类。碾了之后再筛，筛出粗的再碾，细的就放入甑子里蒸。当蒸气升腾蒸够了时，就倒出来用稻秆或麦秆包裹成大饼的形状。饼的外围要用圈箍紧，那些圈或用铁打成，或用竹篾绞织而成，大小要与榨具中空隙的尺寸相符合。(见图 12 - 2)

油是通过蒸气而提取的，“有形”生于“无形”，所以出蒸甑的时候如果包裹动作太慢就会使一部分集结之气逸散，出油率也就降低了。技术熟练的人能够做到快倒、快裹、快箍，得油多的诀窍全在这里，但榨油工匠也有从小做到老还不明白这个诀窍的。油料包裹好了后，就可以装入榨具中，挥动撞木把尖楔打进去挤压，油就像泉水那样流出来了。包裹在榨具里的油料榨出油后，渣滓留在里面，叫作枯饼。芝麻、萝卜、油菜等刚榨过的枯饼都要重新碾碎，筛去茎秆和壳刺，再蒸、再包和再榨。第一次榨若已得到二份油，第二次榨还能得一份油。但如果是柏子、桐子之类的子实，则第一次榨油已全部流出，也就不必再榨了。

若是采用水煮法制油，则同时使用两个锅。即将蓖麻子或苏麻子碾碎，放进一个锅里，加水煮至沸腾，上浮的泡沫便是油。用勺子撇取，倒入另一个没有水的干锅中，下面用慢火熬干水分，便得到油了。不过用这种方法得到的油量终究会有所降低。北京用研磨法制取芝麻油，是用粗麻布袋把里面装的芝麻子粉扭绞出油的，这种方法以后再详细地加以研究。

图 12－1　南方榨

图 12－2　桕皮油及诸芸薹胡麻皆同

皮　油

用皮油制造蜡烛创始于江西广信。把洁净的乌桕子整个放入饭甑里去蒸，蒸好后倒入臼内舂捣。臼约一尺五寸深，碓身是用石头制作的，不用铁嘴，石头是采自深山中坚实而细滑的石块。琢成后的重量限定四十斤，上部嵌在平衡木的一端，便可以舂捣了。乌桕子核外包裹的蜡质层舂过以后全部脱落，挖起来，把它筛入盘里再蒸，然后包裹入榨，方法同上。乌桕子外面的蜡质脱落后，里面剩下的核就是黑子。用一种不怕高温火煅的冷滑小石磨（这种石磨也是从广信的深山中找到的），周围堆满烧红的炭火加以烘热，将黑子逐把投进去快磨。磨破以后，就用风扇掉黑壳，剩下的便全是白色的仁，跟梧桐子没有什么差别。（见图 12－3）将这种白仁碾碎上蒸之后，用前文所述的方法包裹、入榨。榨出的油叫作水油，很是清亮，装入小灯盏中，用一根灯芯草就可点燃到天明，其他多种清油都比不上它。食用它并不会对人有伤害，但也会有些人不放心，宁可不食用。

用皮油制造蜡烛，是将苦竹筒破成两半，放在水里煮涨（否则会黏带皮油），然后用小篾箍固定，用尖嘴铁勺装油灌入筒中，再插进烛芯，便成了一支蜡烛。过一会儿待蜡冻结后，顺筒捋下篾箍，打开竹筒，将烛取出。另一种方法是把小木棒削成蜡烛模型，然后裁一张纸，卷在上面做成纸筒，将皮油灌入纸筒，也能结成一根蜡烛。这种蜡烛无论风吹尘盖，还是经历冷天和热天，都不会变坏。

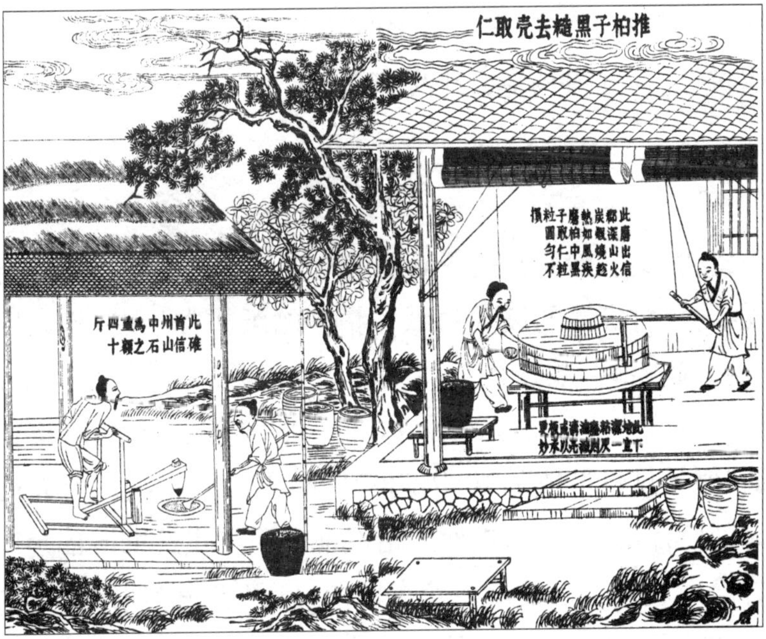

图 12－3　推柏子黑糙去壳取仁

第十三章　杀青

宋先生说：事物的精华、天地的奥妙，从古代传到现在，从中原抵达边疆，使后来的人能眼观而心领神会，那是用什么东西记载下来的呢？君民之间授命请旨，师徒之间传业受教，若是只凭喋喋不休的口头语言，那又能解决多少问题呢？但是只要持短短一片文符，握半卷书本，就能把有关事物的道理阐述清楚，就能使命令风行天下，疑难也会如同冰雪融化一样地消释。自从世上有了被称为“楮(chǔ)先生”的纸之后，聪明的人和愚钝的人就都受到它的好处了。造纸的原料是竹竿与树皮，除去竹竿与树皮的青色外层就能加工成白纸，于是诸子百家的万卷图书才有了书写和印刷的物质基础。精细的上等纸用在这方面，粗糙的纸则用于糊窗挡风或进行包装。造纸的事应是开创于上古之时，现在却让汉、晋时的某些人独揽发明权，这种见识是多么地浅陋啊！

纸　料

用楮树(又名榖树)皮、桑树的第二层皮和木芙蓉皮等材料造的纸为皮纸，用竹麻造的纸为竹纸。精细的纸非常洁白，可以用来书写、印刷和制柬帖；粗糙的纸则用于制作火纸和包装纸。所谓“杀青”，是从斩竹去青而得到的名称；“汗青”则是以煮沥而得到的名称；“简”便是已经造成的纸，因为煮竹能成“简”和纸。后人于是就误认为削竹片可以记事，进而还错误地以为古代的书册都是用皮条穿编竹简而成的。在秦始皇焚书以前，已经有很多书籍，如果纯用竹简，又能写下几个字呢？西域一带的人用贝树造成纸页，而我国又有人猜测他们可以用贝树叶来书写经文。他们不懂得树叶离根就会焦枯的道理，这跟削竹记事的说法是同样可笑的。

造竹纸

制造竹纸的事发生在南方，以福建最为盛行。当竹笋生出之后，到山窝里观察竹林长势，那些将要生枝叶的嫩竹是造纸的上等材料。每年到芒种节令，便可上山砍竹。把嫩竹截成五尺到七尺一段，就地开一口山塘，灌水漂浸。为了避免塘水干涸，就用竹笕引水滚滚流入。(见图 13－1)浸到一百天开外，把竹子取出再用木棒敲打，并洗去它的粗壳与青皮(这一步骤就叫作杀青)。这时候的竹穰就像苎麻一样，再用优质石灰调成乳液拌和，放入楻桶里煮上八天八夜。

煮竹子用的锅，直径约四尺，用黏土调石灰封固锅的边沿，使其高度和宽度类似于广东中部沿海地区煮盐的牢盆那样，里面可以装下十多石水。上面盖上周长约一丈五尺、直径四尺多的楻桶。竹料放入锅上楻桶中，煮八天就足够了。(见图 13－2)停止加热一天后，揭开楻桶，取出竹麻，放到清水塘里漂洗干净。漂塘底部和四周都要用木板合缝砌好，以防止沾染泥污。(造粗纸时不必如此)竹麻洗净之后，用柴灰水浸透，再放入锅内按平，铺一寸左右厚的稻草灰。煮沸之后，就把竹麻移入另一桶中，继续用草木灰水淋洗。倘若草木灰水冷了，就要煮沸再淋洗。这样经过十多天，竹麻自然就会腐烂发臭。再把它拿出来，放入臼内舂(山区都有水碓)，要舂到像泥浆状，才倒入抄纸槽内。

抄纸槽上截像个方斗，大小由抄纸帘而定，抄纸帘又由纸张的大小来定。竹麻泥浆制成之后，抄纸槽内要放入清水浸泡竹麻，水面高出竹麻三寸左右。再加入纸药水汁(制这种纸药液的植物，叶子好像桃竹叶，各地方的名称不一样)，这样抄成的纸干后便会很洁白。抄纸帘是用刮磨得极其细的竹丝编成的。展开时，下面有木框托住。两只手拿着抄纸帘进入水中，荡起纸浆让它进入抄纸帘中。(见图 13－3)纸的厚薄由人的手法来调控、掌握，轻荡则薄，重荡则厚。提起抄纸帘，竹浆纸浮在帘上，水便从四周帘眼淋回抄纸槽。

然后把帘网翻转，让纸落到木板上，叠积成千上万张。等到数目够了时，就压上一块木板，捆上绳子并插进棍子，绞紧，用类似榨酒的方法把水分榨净流干。（见图 13－4）然后用小铜镊把纸逐张揭起，焙干。烘焙纸张时，先用土砖砌成夹巷，底下用砖盖火道，夹巷之内盖的砖块每隔几块砖就留出一个空位。火从巷头的炉口燃烧，热气从留空的砖缝中透出而充满整个夹巷。等到夹巷外壁的砖都烧热时，就把湿纸逐张贴上去焙干，再揭下来放成一叠。（见图 13－5）

近来生产一种宽幅的纸，名叫大四连，用来书写，显得贵重。等它用废以后，废纸在洗去朱墨、污秽，浸烂之后入抄纸槽还可以再造纸，这就完全节省了之前浸竹、煮竹等工序，依然成纸，损耗也不多。南方是竹子多且价钱低的地方，也就用不着这样做。北方即使是寸条片角的纸丢在地上，也要随手拾起来再造，这种纸叫作还魂纸。竹纸与皮纸、精细的纸与粗糙的纸，都是用上述方法制造的。至于火纸与粗纸，砍竹子、制取竹麻，用石灰浆、稻草灰水淋洗，那些工序都和前面讲过的相同，只是脱帘之后不必再行烘焙，压干水分后放在阳光底下晒干就可以了。

盛唐时期，拜神祭鬼的事很多，祭祀时烧纸钱代替烧布帛（纸钱在北方用切条，名为板钱），因而这种纸叫火纸。湖南、湖北一带近来的风俗，有奢侈浪费到一次烧火纸就达上千斤的。这种纸十分之七用于祭祀，十分之三供人日常所用。其中最粗糙的厚纸叫作包裹纸，是用竹麻和隔年晚稻的稻草制成的。铅（yán）山等县出产的信柬纸，则全是用细竹料加厚抄成的，用以谋取高价。其中最上等的纸称为官柬纸，供富贵人家制作名片所用。这种纸厚实而没有粗筋，如果把它染红用作办喜事的婚帖，就要先用明矾水浸过，再染上红花汁。

图 13－1　斩竹漂塘

图 13－2　煮楻足火

图 13－3　荡料入帘

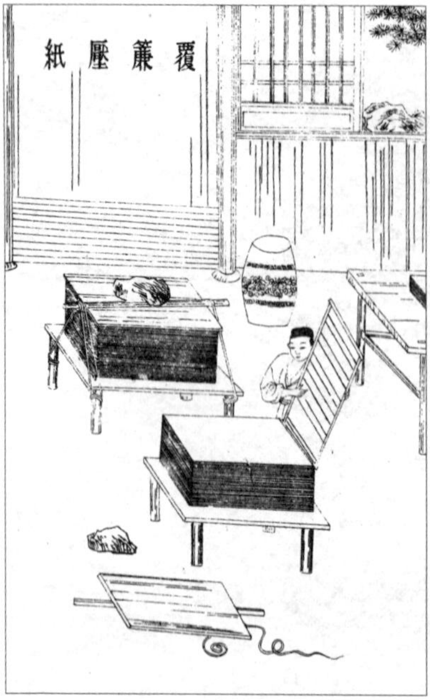

图 13 - 4　覆帘压纸

图 13 - 5　透火焙干

造皮纸

剥取楮树皮一般是在春末夏初进行。树龄已高的，就在接近根部的地方将它砍掉，再用土盖上。第二年又会生长出新树枝，它的皮会更好。制造皮纸，用楮树皮六十斤，嫩竹麻四十斤，一起放在池塘里漂浸，一起涂上石灰浆，放到锅里煮烂。近来又出现了比较经济的办法，就是用十分之七的树皮和竹麻原料，再加入十分之三的隔年稻草，如果纸药水汁使用得当的话，纸质也会很洁白。坚固的皮纸，扯断纵纹就像丝绵一样，因此又叫作绵纸，要想把它横向扯断就更费力。其中最好的一种，是供皇宫糊窗格用的，叫作棂(líng)纱纸。这种纸是江西广信造的，长七尺多，宽四尺多。染成各种颜色是先将色料放进抄纸槽内调和而成，而不是做成纸后才染成。其次是连四纸，其中最洁白的叫作红上纸。还有名为皮纸而实际上是用竹子与稻草掺和制成的纸，叫作揭帖呈文纸。

用木芙蓉等树皮造的纸都叫作小皮纸，在江西则叫作中夹纸。河南造的纸不知道用的是什么草木做原料，这种纸供京城人使用，产地也很广。还有用桑皮造的纸叫作桑穰纸，纸质特别厚，是浙江东部出产的，江浙一带收蚕种的必须用到它。糊雨伞和油扇，也都是用小皮纸。

制造又长又宽的皮纸，所用的水槽要很宽，纸帘很大，一个人的手力吃不消，需要两个人面对面举帘对荡而抄成。如果是棂纱纸，则需要好几个人才行。凡是用来绘画和写条幅的皮纸，要先用明矾水荡过，纸面才不会起毛。纸以贴近竹帘的一面为正面，因为料泥都浮在上面，所以纸的上面（反面）就比较粗。朝鲜的白硾纸，不知道是用什么原料做成的。日本有些地方造的纸不用帘抄，制作方法是将纸料煮烂之后，将宽大的青石覆盖在炕上，在下面烧火而使青石发热，然后用糊刷沾着纸浆，薄薄地刷在青石面上，顷刻就成了一张纸，一揭就起来了。朝鲜是不是用这种方法造纸，我们不得而知。我国有没有用这种方法，也不清楚。温州的蠲糨（juānjiàng）纸也是用桑树皮造的。四川的薛涛笺，则是用木芙蓉皮作原料，煮烂后加入芙蓉花的汁做成的。这种做法可能是当时薛涛个人提出来的，所以“薛涛笺”的名字流传到今天。这种纸的优点是颜色好看，而不是因为它的质料好。

下　卷

第十四章　五金

宋先生说：人分十个等级，从高贵的王、公，到低贱的舆、台，其中缺少一个等级，人的立身处世之道就建立不起来了。大地产生出贵贱不同的各种金属（五金），以供人类及其子孙后代使用，它的意义也如同人分等级是一样的。贵金属，要上千里才有一处出产，近的也要五六百里才有；五金中最贱的金属，在交通稍有不便的地方，地里也到处出产。最好的黄金，价值要比黑铁高一万六千倍，然而，如果没有铁制的小锅大锅、镰刀斧头之类供人们日常生活之用，即使有了黄金，也不过好比只有高官而没有百姓一样。金属的另一种用途是铸成钱币，作为贸易交往、平衡各地有无的流通手段。由《周礼》所说的泉府一类官员掌管铸钱，以牢牢控制一切货物的命脉。至于分辨金属的好与坏，指出它们价值的轻与重，是谁开创领先使得它们彼此相辅相成地在永远起作用呢？

黄　金

黄金是五金中最贵重的，一旦熔化成形，永远不会发生变化。白银入熔炉熔化虽然没有什么损耗，但当温度够高时，用风箱鼓风引起金花闪烁，出现一次就没有了，再鼓风也不再出现金花。只有黄金，用力鼓风时，鼓一次金花就闪烁一次，火越猛金花出现越多，这是黄金之所以珍贵的原因。我国的产金地区有一百多处，难以列举。山石中所出产的，大的叫马蹄金，中的叫橄榄金或带胯金，小的叫瓜子金。在水沙中所出产的，大的叫狗头金，小的叫麸麦金、糠金。在平地挖井得到的叫面沙金，大的叫豆粒金。这些都要先经淘洗，然后进行冶炼，才能成为整颗整块的金子。

黄金多数出产在我国西南部，采金的人开凿矿井十多丈深，一看到伴金石，就可以找到金了。这种石呈褐色，一头好像给火烧黑了似的。水沙中的黄金，大多产于云南的金沙江（古名丽水），这条江发源于青藏高原，绕过丽江府，流至北胜州，迂回达五百多里，产金的河道有好几段。此外还有四川北部的潼川等州和湖南的沅陵、溆浦等地，都可在江沙中淘得沙金。在千百次淘取中，偶尔会获得一块狗头金，叫作金母，其余的都不过是麸麦形状的金屑。金在冶炼时，最初呈现浅黄色，再炼就转化成赤色。海南岛的儋、崖两县都有砂金矿，金夹杂在沙土中，不必深挖就可以获得。但淘取太频繁，金便不会再出产，一年到头都这样淘取、熔炼，即使有也是很有限的了。在五岭之南广东、广西少数民族地区洞穴中刚挖出来的金，好像黑色的氧化铁屑，要挖几丈深，在黑焦石下面才能找到金。初得时拿来咬一下，是柔软的，有的采金人偷偷把它吞进肚子里去，也不会对人有伤害。河南的汝南县和巩义市一带，江西的乐平、新建等地，都是在平地开挖很深的矿井，取出细矿沙淘炼而得到金的，可是由于消耗劳动力太大，扣除人工费用外，所得也就不多了。大概在我国要隔千里才会找到一处金矿。《岭表录》中说，有人从鹅、鸭屎中淘取金屑，有的每日可得一两，有的则毫无所获。这恐怕是个虚妄不可信的记载。

金的质量最重，假定铜每立方寸重一两，银照例每立方寸要增重三钱；假定银每立方寸重一两，则金每立方寸增重二钱。黄金的另一种性质就是柔软，能像柳枝那样屈折。至于它的成色高低，大抵青色的含金七成，黄色的含金八成，紫色的含金九成，赤色的就是纯金了。把这些金在试金石上画出条痕（试金石在江西信江流域河里很多，大的如斗，小的就像个拳头，把它放进鹅汤里煮一下，就像漆一样又黑又亮了），用比色法就能够分辨出它的成色。纯金若要掺和别的金属来造假出售，只有银可以掺入，其他金属都不行。如果要想除银存金，就要将这些杂金打成薄片，剪碎，每块用泥土涂上或包住，然后放入坩埚里加入硼砂熔化，这样银便被泥土吸入，金水流出来，成为纯金。然后另外放一点铅入坩埚里，又可以把泥土中的银吸附出来，而丝毫不会有损耗。

黄金以其华美的颜色被人视为贵重，因此人们将黄金加工成金箔用于装饰。每七分黄金能捶成一平方寸的金箔一千片，把它们铺在器物表面，可以盖满三尺见方的面积。打造金箔的方法是：把金捶成薄片，包在乌金纸里，用力挥动铁锤打成箔。（打金箔的锤，柄很短，约有八斤重。）乌金纸由苏州、杭州制造的。用东海大竹膜为原料制作成纸后，点起豆油灯，周围封闭，只留下一个针眼大的小孔通气，经过灯烟的熏染制成乌金纸。每张乌金纸打金箔五十次后就不再用了，还未破损的话，可以给药铺包朱砂用。这是凭精妙工艺制造出来的奇妙东西。夹在乌金纸里的金片被打成箔后，先把硝制过的猫皮绷紧成小方板，再将线香灰撒满皮面，拿出乌金纸里的金箔盖在上面，用钝刀画成一平方寸的方块。然后屏住呼吸，拿一根轻木条用唾液沾湿一下，粘起金箔，夹在小纸片里。用金箔装饰物件时，先用熟漆在物件表面上涂刷一遍，然后将金箔粘贴上去（贴字多用楮树浆）。陕西中部制造皮金的，是将硝制过的羊皮拉得很薄，然后把金箔贴在皮上，供剪裁服饰使用。这些物件因贴上金箔都会显现出辉煌夺目的颜色。凡用金箔粘贴的物件，日后破旧不用的时候，可以刮下来用火烧，金仍会留在灰里。加进几滴植物油，金就会积聚沉底，淘洗后再入炉熔炼，可以全部回收而毫无损耗。

有借金色来装饰的，如杭州的扇子是用银箔做底，涂上一层红花子油，再在火上熏一下就成了金黄色。广东、广西的货物是用蝉蜕壳磨碎后调水来描画，再用火稍微烤一下做成金色的，这些都不是真金的颜色。那些由金做成的器物，有因成色较低而颜色浅淡的，则可用黄矾涂染，在猛火中烘一烘，立刻就会变成赤宝色。但是日子久了又会逐渐褪色，把它拿到火中焙一下，则又可以恢复赤宝色。

银

我国产银的情况大体上是这样的：浙江和福建原有银矿坑场，至明朝初年，有的仍然在开采，有的已经关闭了。江西饶州、信州和瑞州三个州县，有些银坑还从来没有开采过。湖南的辰州，贵州的铜仁，河南的宜阳县赵保山、永宁县秋树坡、卢氏县高嘴儿、嵩县马槽山，四川的会川密勒山，以及甘肃的大黄山等处，都有产银的好矿场，其余的地方就难以一一列举了。然而，这些银矿都产量有限，因此每到开采时都会因为获得的数量达不到原定限额而使参加开采的人摊派赔偿。如果法制不严，就很容易出现偷窃争夺而造成祸乱的事件，所以禁戒律令又不得不十分严苛。河北和山东一带，由于天气寒冷，石层又薄，因而不出产金银。以上八地合起来所产的银，总量还比不上云南的一半，所以开矿炼银，只有在云南可以永久进行。

云南的银矿，以楚雄、永昌、大理三个地方储量最为丰富，曲靖、姚安位居其次，镇沅又次之。凡是石山洞里蕴藏有银矿的，在山上面就会出现一堆堆带有微褐色的小石头，分成若干个支脉。采矿的人要挖土十丈或二十丈深才能找到矿脉，这种工程可不是几天或者几个月所能完成的。找到了土里的银矿苗之后，才能知道银矿具体所在。含银的礁砂埋藏得很深，而且像树枝那样有主干、枝干，采矿的人要跟随银矿苗分成几路横挖寻找。挖的时候还要搭架横板用以支撑坑顶，以防塌方。采矿的工人提着小灯笼沿路挖掘，一直到取得矿砂为止。在土里的银矿苗，有的掺杂着一些黄色碎石，有的在泥隙石缝中出现有乱丝的形状，这都表明离银矿不远了。银矿石中，含银较多的成块矿石叫作礁，细碎的叫作砂，表面分布成树枝状的叫作铆，外面包裹着的石块叫作围岩。围岩大的像斗，小的像拳头，都是该抛弃的废物。礁砂形状像煤炭，底下垫着石头，因而显得不那么黑。礁砂的品质可分几个等级。（矿场主挖到矿砂后，先要呈交官府验辨分级，再行定税。）刚出土的矿砂用斗量过之后，交给冶工去炼，矿砂品质高的每斗可以炼出纯银六七两，中等的可以炼出纯银三四两，最差的只能炼纯银一二两。（那些特别光亮的礁砂，由于里面的精华已经泄漏得太多，最终得到的纯银反而偏少。）（见图 14－1）

礁砂在入炉之前，先要进行拣选、淘洗。炼银的炉子是用土筑成的大土墩，高五尺左右，底下铺上瓷片和炭灰之类的东西，每个炉子可容纳含银礁砂二石。用栗木炭二百斤，在矿石周围叠架起来。靠近炉旁还要砌一道砖墙，高和宽都是一丈多。风箱安装在墙背，由两三个人拉动鼓风。用这一道砖墙来隔热，拉风箱的人才能有安身之地。等到炉里的炭烧完时，就用长铁叉子陆续添加。如果火力够了，炉里的矿石就会熔化成团。这时的银还混在

铅里而没有被分离出来。二石银矿石熔成团后约有一百斤。(见图 14-2)

冷却后取出熔团,放入另一个名叫分金炉(也叫虾蟆炉)的炉子里,用松木炭围住熔团,透过一个小门辨别火色。炉子可用风箱鼓风,也可以用扇子来回扇。火烧到一定的温度时,熔团熔化后的铅就会沉到炉底。(炉底的铅已成密陀僧样的氧化铅,再放进别的炉子里熔炼,又会变成扁担铅。)要不断用柳树枝从门缝中插进去燃烧照看,如果铅全部被氧化成氧化铅,就可以提炼出纯银来了。(见图 14-3)这种刚炼出来的银,也叫作生银。倒出来凝固以后的银如果表面没有丝纹,就要再熔炼一次,直到凝固的银锭中心出现一种云南人叫"茶经"的一点圆星。然后加入一点铜,再重新用铅来协助熔化,再倒入槽里就会现出丝纹了。(丝纹必经倒进槽里才能出现,是因为四周被围住了,银气不会四处散发。)云南楚雄所出产的银又有些不一样,那里的矿砂含铅太少,还要向其他地方采购铅来辅助炼银。每炼银矿石一百斤,就得先在炉子里垫二百斤铅,然后才鼓风将矿砂冶炼成团。至于再转到虾蟆炉里使铅沉下分离出银,则方法是相同的。这就是银开采和熔炼的方法,并没有其他生产的方法。讲炼丹的方书和谈医药的草药学著作中,常常没有根据地乱想乱注,真是令人十分讨厌。

一般说来,金和银都是土地里面隐藏的宝气精华,产金的地方三百里之内没有银矿,产银的地方三百里之内没有金矿,大自然的安排设计,从这里也能看出个大概。那些干粗活的人把扫刷到的泥尘放进水里进行淘洗,再加以熬炼,这就叫作淘厘锱。操劳一天,少的只能得到三分银子,多的也只有六分银子。这些银屑都是平常从剪刀或者斧子口上掉下来的,或者是由鞋底粘带到街道地面,或者是从院子房舍扫出来被抛弃在河边的。泥尘中必定夹杂有一些银屑，这并不是浅的浮土上所能产生的东西。

世间使用的银，只有红铜和铅两种金属可以掺混进去用来作假，但是把碎银铸成银锭的时候，就可以除去杂质加以提纯。方法是将杂银放在坩埚里，送进高炉里用猛火熔炼，撒上一些硝石，其中的铜和铅便全部结在埚底了，这就叫作银锈。那些敲落在灰池里的叫作炉底。将银锈和炉底一起放进分金炉里，用土甑子装满木炭起火熔炼，里面的铅就会先熔化，流向低处，剩下的铜和银可以用铁条分拨，两者就截然分开了。人工与天工的关系由此可见一斑。炉的式样图一并附在后面。（见图 14－4）

图 14－1　开探银矿图

图 14-2　镕礁结银与铅图

图 14-3　沉铅结银图

图 14-4　分金炉清锈底

铜

世间用的铜，开采后经过熔炼得来的只有红铜一种。但是如果在炉中掺加炉甘石或锌一起熔炼，就会转变成黄铜；如果加入砒霜等药物炼制，就会变成白铜；加入明矾和硝石等药物，就会炼成青铜；加入锡就会炼成响铜；加入锌则为铸铜。然而最基本的材质不过是红铜一种而已。

铜矿到处都有，《山海经》一书中说全国产铜的地方有四百六十七处，这或许是有所考证的。今天我国供人使用的铜，要算西部的四川、贵州出产为最多。东南多是从国外由海上运来的，湖北的武昌以及江西的广信，都有丰富的铜矿。从湖南衡州（今衡阳）、江西瑞州(今高安)等地出产的蒙山铜,有时可以在铸造时掺入一点,但不能锤炼成坚实的铜块。

产铜的山一般都是夹土带石,要挖几丈深才能得到,取得的矿石仍然有围岩包在外层。围岩的形状好像姜状,表面呈现一些铜的斑点,这又叫作铜璞。把它拿到炉里去冶炼,仍然会有一些铜流出来,不像银矿石那样完全是废物。铜砂在矿里的形状不一样,有的大,有的小,有的光,有的暗,有的像黄铜矿石,有的则像姜铁。把铜砂夹杂着的土滓洗去,然后入炉熔炼,经过熔化后从炉里流出来的,就是自然铜,也叫石髓铅。(见图 14-5)

铜矿石有几个品种。其中有全部是铜而不夹杂铅和银的,只要入炉一炼就成。有的却和铅混杂在一起,这种铜矿的冶炼方法,是在炉旁通高低两个孔,铅先熔化从上孔流出,铜后熔化则从下孔流出。日本等处的铜矿,也有与银矿在一块的,当放进炉里去熔炼时,银会浮在上层,而铜沉在下面。(见图 14-6)由商船运进中国的铜,名叫日本铜,它铸成的形状是长方形的板条。福建漳州人得到这种铜,有把它再入炉熔炼,取出其中零星的银,然后倾铸成薄饼模样,像四川的铜那样出售的。

由红铜炼成可以锤锻的黄铜,要将一百斤自风煤(这种煤细碎如粉,和泥做成煤饼来烧,不需要鼓风,从早到晚炉火通红。江西的这种煤产于宜春、新余等)放入炉里烧,在一个泥瓦罐里装铜十斤、炉甘石六斤,放入炉内,让它自然熔化。后来人们因为炉甘石挥发得太厉害,损耗很大,就改用锌。每次红铜六斤,配锌四斤,先后放入罐里熔化,冷却后取出就得到黄铜,供人们打造各种器物。

用铜制造乐器,要把两广产的不含铅的锡放进罐里与铜同熔。制造钲(今名锣)、镯(今名铜鼓)一类乐器,一般用红铜八斤,掺入广锡二斤。锤制铙、钹所用铜、锡还要更加精炼。铸制质量差的铜器，含红铜和锌各一半，甚至锌占六成而铜占四成。好的铜器则要用经过三次或四次熔炼的所谓三火黄铜或四火熟铜来铸制，其中含铜七成、铅三成。

制造含银量低的或假的银器，只有本色的红铜可以加入。一旦掺杂有锌、砒、矾等物质，就永远都不能熔合。然而铜混进银里，使白色立刻变成红色，再入炉鼓风熔炼，则清、浊、浮、沉，立刻分辨得清清楚楚，银和铜便分离得干干净净了。

图 14－5　穴取铜铅

图 14－6　化铜

铁

铁矿在全国各地都有，而且都是浅藏在地面而不深埋在洞穴里。出产得最多的，是在平原和丘陵地带，而不在高山峻岭上。铁矿石有土块状的土锭铁和碎砂状的砂铁等好几种。铁矿石呈黑色，露出在泥土上面，形状好像秤锤，从远处看就像一块铁，用手一捏却成了碎土。若要进行冶炼，就可以把浮在土面上的这些铁矿石拾起来，还可以趁着下雨地湿之后，用牛犁耕翻起土，把那些埋在泥土里几寸深的铁矿石都拾起来。（见图 14－7）犁耕过之后，铁矿石还会逐渐生长，用不完。我国西北的甘肃和东南的福建泉州都盛产这种土锭铁，而北京、遵化和山西临汾则是盛产砂铁的地区。至于砂铁，

一挖开表土层就可以找到，把它取出来淘洗后，再入炉冶炼，炼出来的铁跟来自土锭铁的也没有什么差别。（见图 14－8）

铁分为生铁和熟铁，已经出炉但还没有炒过的是生铁，炒过以后便成了熟铁。把生铁和熟铁混合熔炼就变成了钢。炼铁炉是用掺盐的泥土砌成的，这种炉大多是依傍着山洞砌成的，也有些是用大根木头围成框框。用盐泥塑造出这样一个炉子，非得花个把月时间不可，不能轻率贪快。盐泥一旦出现裂缝，那就会前功尽弃了。一座炼铁炉可以装铁矿石两千多斤，燃料有的用硬木柴，有的用煤或者木炭，南方北方可根据方便就地取材。鼓风的风箱要由四个人或者六个人一起推拉。铁矿石化成了铁水之后，就会从炼铁炉腰孔中流出来。这个孔要事先用泥塞住。白天十二个小时当中，每两个小时能出一炉子铁。出铁之后，立即用叉子取泥塞住孔，再鼓风熔炼。（见图 14－9）

如果是熔炼供铸造用的生铁，就让铁水注入条形或者圆形的铸模里再取用。如果是造熟铁，便在离炉子几尺远而又低几寸的地方筑一口方塘，四周砌上矮墙。让铁水流入塘内，几个人拿着柳木棍，站在矮墙上，事先将污潮泥晒干，舂成粉，再筛成像面粉一样的细末。一个人迅速把泥粉均匀地撒播在铁水上面，另外几个人就用柳棍迅猛搅拌，这样很快就炒成熟铁了。柳木棍每炒一次便会烧掉二三寸，再炒时就得更换一根新的。炒过以后，稍微冷却时，或有就在塘里划成方块的，或有把铁块拿出来锤成圆块，然后出售。但是湖南浏阳那些冶铁场却并不懂得这种技术。

炼钢的方法，是先将熟铁打成像指头一般宽的薄片，长约一寸半一块，然后把薄片包扎夹紧，将生铁放在扎紧的熟铁片上面（广东南部有一种叫作堕子生钢的生铁最适宜），再盖上破草鞋（要沾有泥土的，才不会被立即烧毁），在熟铁片底下还要涂上泥浆。投进洪炉进行鼓风熔炼，达到一定的温度时，生铁会先熔化而渗到熟铁里，两者相互融合，取出来后进行敲打。再熔炼再敲打，如此反复进行多次。这样锤炼出来的钢，俗名叫作团钢，也有叫作灌钢的。

日本出的一种刀剑，用的是经过百炼的精纯好钢，放在日光下会使整个屋子都光芒耀眼，这种钢不是用生铁和熟铁相熔合炼成的，有人把它称为次品。日本人又有用地溲（即石脑油之类的东西，我国中原地区不出产）来淬刀剑，据说这种钢刀可以切玉，但也未曾见过。打铁时铁里偶尔会出现一种非常坚硬的、打不散的硬块，这东西名叫铁核，用香油涂抹后再打，铁核就会消散。凡是产铁在山北面的，山南面就会有磁石，好几个地方都有这种现象，但并不是全都如此。

图 14－7　垦土拾锭

图 14－8　淘洗铁砂

图 14－9　生熟炼铁炉

锡

锡主要出产于我国的西南地区，东北地区很少。古书上称锡为“贺”，就是因为广西贺县(今贺州市)北部一带产锡最多而得名。今天供应全国的锡，仅广西的南丹、河池两地就占了十分之八，湖南的衡阳、永州次之。云南的大理、楚雄虽然产锡很多，但路途遥远，难以供应内地。

锡矿分为山锡、水锡两种。山锡中又分锡瓜和锡砂两种。锡瓜块头大的如同小葫芦瓜，锡砂则像豆粒，都可以在不很深的地层里找到。偶尔也会有原生矿床所含的矿脉太满，致使山土自行坍塌，而露出风化形成次生矿的，那就可以任凭人们拾取。(见图 14－10)水锡，在湖南衡阳和永州两地产于小溪里，广西则产于南丹河里。这种水锡是黑色的，细碎得好像是筛过了的面粉。南丹河出产的水锡，居民十天前从南淘到北，十天后再从北淘到南，这些矿砂不断生长出来，千百年都取之不尽。（见图 14－11）但是，淘取和熔炼后，一天得锡也不过一斤左右，计算所耗费的炉炭成本，获利实在是不多。南丹的山锡产于山的北坡，那里缺水淘洗，因此就用许多根竹管接起来当导水槽，从山的南坡引水过来把泥沙洗掉，然后入炉。

熔炼锡也用洪炉，每炉放入锡砂数百斤，从集支起来的木炭也要数百斤，一起鼓风熔炼。当火力足够时，锡砂还不一定能马上熔化，这时要掺少量的铅去勾引助熔，锡才会大量熔流出来。也有用别人的炼锡炉渣去勾引的。洪炉炉底用炭末和瓷灰铺成平池，炉旁安装一条铁管小槽，炼出的锡水引流入炉外低池内。（见图 14－12）锡刚出炉时洁白，可是太硬脆，一经锤击就会碎裂，要加铅使锡质变软，才能用来制造各种器具。市面上卖的锡掺铅太多，如果需要提纯，就应该在它熔化后加入醋酸反复淬火八九次，其中所含的铅便会形成渣灰而被除去。生产纯锡只有这一种方法。有的医药书说可以从马齿苋中提取草锡的，这是胡说；所谓发现了砒就一定有锡矿苗的说法，也是信口乱说。

图 14－10　河池山锡

图 14－11　南丹水锡

图 14－12　炼锡炉

铅

产铅的矿山，要比产铜和产锡的矿山多。铅矿的质地有三种：一种产自银矿中，包含着白银矿铅。这种矿，初炼时和银熔成一团，再炼时脱离银而沉底，名叫银铅矿，以我国云南出产为最多。一种出产在铜矿里，入洪炉冶炼时，铅先熔化流出，铜后流出，名叫铜山铅，这种铜铅矿，我国贵州出产最多。一种是产自山洞里的纯铅矿，开采的人凿开山石，点着油灯在山洞里寻找铅脉，弯弯曲曲如同采银矿一样。采出来后再加淘洗、熔炼，名叫草节铅，这种矿以四川的嘉州乐山和利州广元出产为最多。除此之外，还有四川雅州出产的钓脚铅，形状像个皂荚子，又好像蝌蚪，出自山涧的沙里。江西广信的上饶和饶郡的乐平等地还出产有杂铜铅，剑州还出产有阴平铅，在这里难以一一列举。

银矿铅的熔炼方法是：先从银铅矿中提取银，剩下的作为炉底，再把炉底炼成铅。草节铅则单独放入洪炉里冶炼，洪炉旁通一条管子以便铅水流入长条形的土槽里，这样铸成的铅俗名叫作扁担铅，也叫作出山铅，用以区别从银炉里多次熔炼出来的那种铅。铅的价值虽然低贱，变化却特别奇妙，白粉和黄丹便是铅的明显表现形式。此外，白银矿炉底的提炼精纯，以及使锡变得很柔软，这些都是铅起的作用。

第十五章　佳兵

宋先生说：用兵是圣人不得已才做的事情。舜帝在位五十年，只有苗部族还没有归附。即使是贤明的帝王，谁又能够放弃战争和取消兵器呢？“武器的功用，就在于威慑天下”，这句话由来已久了。老子怀有葛天氏“无为而治”的理想。他著的书中有句话说：“兵器这玩意儿，是不吉祥的东西。”那只是警诫人们用兵要慎重罢了。

制造新式枪炮的技巧，是西洋人较早发明，后经西域和南方的边远地区才传到我国来的。它很快就变化百出，日新月异。时至今日，我国有些带兵打仗的人已把发展兵器放到了第一位，这种做法可能是正确的吧！不然的话，人类纵然有着巧妙的构思，如果不重视，武器的发展又怎能达到这种完善的地步呢？

弧、矢

造弓，要用竹片和牛角做正中的骨干（东北少数民族地区没有竹，就用柔韧的木料做骨干），两头接上桑木。弓弦松弛时，竹在弓弧的内侧，角在弓弧的外侧起保护作用；张紧弓弦时，角在弓弧的内侧，竹在弓弧的外侧。弓的本体是用一整条竹片，牛角则两段相接，弓两头的桑木末端都刻有缺口，使弓弦能够套紧。桑木本身与竹片互相穿插接榫，并削光一面贴上牛角。

动手造弓时，先削竹片一根（秋冬季节砍伐的竹子比较好，春夏砍的容易虫蛀朽坏），中腰略小，两头稍大一些，长约两尺。一面用胶粘贴上牛角，一面用胶粘铺上牛筋，用以加固弓身。两段牛角之间互相咬合（北方少数民族没有长的牛角，就用羊角分四段相接扎紧。广东一带的弓，不单用水牛角，有时也用半透明的黄牛角），再用牛筋和胶液固定。外面还要粘上桦树皮加固，这就叫作暖靶。桦树，东北地区产在辽宁辽阳，华北地区大多产于河北遵化，西北地区则大多产于甘肃临洮一带，福建、广东和浙江等地也有出产。用桦树皮作为保护层，手握起来感到柔软，所以制作弓的把手一定要用它。即使是刀柄和枪身也要用到它。最薄的就可用来做刀剑的套子。

牛脊骨里都有一条长方形的筋，重约三十两。宰杀牛以后取出来晒干，再用水浸泡，然后将它撕成苎麻丝那样的纤维。北方少数民族没有蚕丝，弓弦都是用这种牛筋缠合的。中原地区则用它铺护弓的主干，或者用它来做弹棉花的弓弦。胶是用鱼鳔、杂肠熬成的，多数在安徽宁国熬炼。东海有一种石首鱼，浙江人用它晒鱼干，用它的鳔熬成的胶比铜铁还要牢固。北方少数民族用其他海鱼的鳔熬成的胶，同中原的一样牢固，只是种类不同而已。天然的这几种东西，缺少一种就造不成良弓，看来这并不是偶然的。

弓坯子刚刚做成之后，要放在屋梁高处，地面不断地生火烘焙。时间短的放置十来天，长则两个月，等到胶液干透后，就拿下来磨光，再加缠一次牛筋，并涂胶、上漆，这样做出来的弓质量就很好了。卖弓人若不能等到足够的烘焙时间就把弓卖出，那弓日后就可能出现脱胶散弓的毛病。

弓弦若是用食柘叶的蚕吐的丝来做，就会更加坚韧。每条弦用二十多根丝线为骨，然后用丝线横向缠紧。缠丝的时候分成三段，每缠七寸左右就空一两分不缠。这样，在不张弓时，弦就可以折成三节收起。过去北方少数民族都用牛筋为弓弦，所以每到夏天雨季就怕它吸潮解脱而不敢贸然出兵进犯。现在就到处都有丝弦了。有的人用黄蜡涂弦防潮，不用也不要紧。弓两端系弦的部位，要用最厚的牛皮或软木做成像小棋子那样的垫子，用胶粘紧钉在牛角末端，这叫作垫弦，作用跟垫琴弦的码子差不多。放箭时，弓弦的回弹力很大，有了垫弦就可以抵消它，否则会损伤弓弦。

造弓还要按人的挽力大小来分轻重。上等力气的人能挽一百二十斤，超过这个数目的叫作虎力，但这样的人也不多见。中等力气的人能挽八九十斤，下等力气的人只能挽六十斤左右。这些弓箭在拉满弦时都可以射中目标。但在战场上能射穿敌人的胸膛或铠甲的，当然是力气大的射手。力气小的人如果能射穿杨树叶或射中虱子，那是以巧取胜。测试弓力，可以用脚就地踩住弦，将秤钩钩住弓的中点往上拉，弦满之时，推移秤锤称平，就可知道弓力是多少了。（按：作者所绘“试弓定力”的图中所示，却是弓腰挂一包重物，秤钩钩住弦的中点称量，似与此述不同。）（见图 15 - 1）做弓料的分量是，上等力气所用的弓，角和竹片削好后约重七两。筋、胶、漆和缠丝约重八钱，这是它们大概的数量。中等力气的相应减少十分之一或十分之二，下等力气的减少十分之二或十分之三。

弓做成了之后保管也很重要，藏弓最怕梅雨潮湿。（梅雨天气先南后北，岭南是谷雨时，江南是小满，江北是六月，河北、山东一带是七月。而以淮河和扬州地区的阴雨天气为最多。）军官家里常设置有烘厨或烘箱，每天都用炭火放在弓下面烘。（春秋下雨或多雾的天气都这样做，不只是梅雨天。）士兵没有烘厨或烘箱，就把弓放在灶头烟囱上。稍微照管不周到，弓就会朽坏解脱。（近年来朝廷命令南方各省造弓解送北京，纷纷被退回，就是因为他们不知道弓离火就坏的道理，也没有人就此事上奏朝廷陈述个中原因。）

箭杆的用料，我国南方用竹，北方使用薄柳木，北方少数民族则用桦木，各地不同。箭杆长二尺，箭头长一寸，这是大体的规格。做竹箭时，削竹三四条并用胶黏合，再用刀削圆刮光。再用漆丝缠紧两头，这叫作“三不齐”箭杆。浙江和广东南部有天然的箭竹，不用破开黏合。柳木或桦木做的箭杆，只要选取圆直的枝条稍加削刮就可以了。竹箭本身很直，不必矫正。木箭杆干燥后势必变弯，削木造箭杆时要用一块几寸长的木头，上面刻一条槽，名叫箭端。将木

杆嵌在槽里逐寸刮拉而过，杆身就会变直。即使原来杆身头尾重量不均匀的也能矫正得很均匀。（见图 15－2）

造箭杆，要在箭杆的根端刻一个衔接口，以便扣在弦上，它的末端安装箭头。箭头是用铁铸成的。（《尚书·禹贡》记载的那种石制箭头，是用一种土办法做的，并不适用。）箭头的形状，北方少数民族做的像桃叶枪尖，广东南部黎族人做的像平头铁铲，中原地区做的则是三棱锥形。响箭则因为在寸长小木的箭杆上钻有一个孔眼，所以箭从空中飞过就能迎风飞鸣。这就是《庄子》中所说的嚆（hāo）矢。箭的飞行，是正还是偏，快还是慢，关键都在箭根部的毛羽上。在箭杆根部近衔口的地方，用胶粘上三条三寸长的翎（líng）羽，三足鼎立形地安好，名叫箭羽。（此处的胶也怕潮湿，因此勤劳的将士经常用火来烘烤箭。）

箭矢所用的羽毛，以雕的翅毛为最好（雕像鹰而比鹰大，尾长而翅膀短），角鹰的翎羽居其次，鹞（yáo）鹰的翎羽更次。南方造箭的人，固然没希望得到雕翎，就是鹞鹰翎也是难得到的东西，急用时要充数，就只好用雁翎，甚至用鹅翎来做了。雕翎箭飞得比鹰、鹞翎箭快，射出十多步的距离还能保持端正，还能抗风吹。北方少数民族的箭羽多数都用雕翎。角鹰或鹞鹰翎箭如果精工制作，效用也跟雕翎箭差不多。若是用鹅翎和雁翎做的箭，射出时就手不应心，一遇到风就歪到一边去了。南方的箭比不上北方的箭，原因就在这里。

图 15－1　试弓定力

图 15－2　端箭

弩

弩是镇守营地的重要兵器，不适用于冲锋陷阵。其中直的部分叫身，横的部分叫翼，扣弦发箭的开关叫机。砍木做弩身，长约二尺，弩身的前端横拴弩翼。在穿孔拴翼的地方，离弩面划定一分厚（稍微厚了一点，弦和箭就配合不精准），离弩底的距离则不必计较。弩面上还要刻上一条直槽用以盛放箭。那弩翼若是用一根柔木做成的，叫作扁担弩，这种弩的射杀力最强。若是在一根柔木下面再用竹片叠撑竹片（一片比一片短）的弩，就叫作三撑弩、五撑弩或者七撑弩。弩身后端刻一个缺口扣弦，旁边钉上活动扳机，将活动扳机上推即可发箭。上弦时全靠人的体力。由一个人脚踏强弩上弦的，《汉书》称为“蹶（jué）张材官”。弩弦把箭射出，快速无比。

弩弦用苎麻当原材料，缠上鹅翎，涂上黄蜡。弩弦装上弩翼时虽然拉得很紧，但放下来时仍然是松的，所以鹅翎的头尾都可以夹入麻绳内。弩箭的箭羽是用箬竹叶做的。破开箭本，把箬竹叶夹进去并将它缠紧。那些射杀猛兽用的药箭，则是将草乌熬成浓胶蘸涂在箭头上。这种箭一见血就能使人、畜断命。强弓可以射二百多步远，而强弩只能射五十步远，再远一点就连薄绢也射不穿了。然而，弩比弓要快十倍，穿透物体的深度也要大一倍。

本朝的军器监曾制造神臂弩和克敌弩，都能同时发出两三支箭。还有一种诸葛弩，弩上刻有直槽，可装箭十支，弩翼用最柔韧的木制成。另外还安有木制弩机，随手扳机就可以上弦，发出去一箭，槽中又会落下来一箭，又可以再拉扳机上弦发一箭。（见图 15－3）这种弩机虽设计精巧，但射力弱，射程只有二十来步远。这是民间用来防盗的，不是军队所用的兵器。山区的居民用来射杀猛兽的弩叫作窝弩，安装在野兽往来出没的要道，机弩傍着引线，野兽走过时一触动引线，箭就会自动射出。每发一箭，只能收获一只野兽。

图 15－3　连发弩

干

“干戈”这个名字，在兵器中最为古老，干和戈相连成为一个词，是因为后代的步兵和手握短兵器的骑兵经常配合使用干和戈。右手执短刀，左手执盾牌以抵挡敌人的箭。古时候的战车上，有人专门负责手执盾牌，抵挡同车的人可能遭受的敌箭。要是双手拿着长戈或者戟（jǐ）、槊（shuò），那就腾不出手来拿盾牌了。盾牌长度一般不会超过三尺，用杞柳枝条编织成的直径约一尺的圆块挂在脖子下，盾牌上方的尖部突出五寸，下端装接有一根轻竿可供手握。另有一种盾叫中干，那是步兵拿来挡箭或长矛用的，俗称傍牌。

火药料

关于火药和火器，现在那些妄图被提拔博取官位的人，个个都在高谈阔论，著书呈献朝廷，他们说的并不一定都是经过试验的。在这里还是要粗略写上几页，附在书中。火药的成分以硝石和硫黄为主，草木灰为辅。其中硝石的阴性最强，硫黄的阳性最强，这两种神奇的阴阳物质在没有一点空隙的地方相遇，就会产生爆炸，不论人还是物都要魂飞魄散、粉身碎骨。硝石的性能是纵向爆发力大，所以用于射击的火药成分是硝九硫一。硫黄的性能是横向爆发力大，所以用于爆破的火药成分是硝七硫三。作为辅助剂的草木灰，则用青杨、枯杉、桦树根、箬竹叶、蜀葵、毛竹根、茄秆之类，烧制成炭，其中以箬竹叶炭末最为燥烈。

战争中火攻采用的火药有毒火、神火、法火、烂火、喷火等。毒火以白砒、硇(náo)砂为主，再加上金汁、银锈、人粪混合配制。神火以朱砂、雄黄、雌黄为主。烂火要配合硼砂、瓷屑、猪牙皂荚、花椒等物。飞火要加上朱砂、雄黄、轻粉、草乌、巴豆等配合制作。劫营火则要用桐油、松香配合制作。这些配方只是个大概。至于焚烧狼粪的烟白天黑、晚上红，迎风直上，以及江豚的灰能逆风燃烧，这些都必须经过试验，亲眼见到之后才能详加说明。

硝　石

硝石是中国和外国都出产的，而中国独产于西北部地区。东南地区卖硝石的人如果没有官府下发的运销凭证，就会以走私的名义被治罪。硝石和盐同类，都是在地下随着潮气蒸发而出现在地面的。近水而土层薄的地方形成盐，靠山而土层厚的地方形成硝。因为它入水即消溶，所以一度名叫“消石”。长江、淮河以北地区，过了中秋节以后，即使是在室内，隔天扫地也可扫出少量的硝以供煎炼提纯。

我国有三个地方出产硝石最多：产于四川的叫作川硝，产于山西的叫作盐硝，产于山东的叫作土硝。硝刮扫采集后(土墙中有时也有硝冒出来)，先放进缸里用水浸一夜，把浮在水面的秽渣捞出来扔掉，然后将硝溶液倒进锅中，加水煎熬。直到硝完全溶解，水熬干了再倒入容器，经过一晚就会结晶成硝。其中浮在上面的叫芒硝，芒长的叫马牙硝(这都是从各地出产的硝本身变化出来的)，而沉在下面含杂质较多的叫朴硝。要除去杂质把它提纯，还需要加水再熬炼。扔进去几块萝卜一起煮熟后，再倒入盆中，经过一晚便能析出雪白的结晶，这叫作盆硝。

用硝制造火药，牙硝和盆硝的功用相同。用硝制火药，少量的可以放在新瓦片上焙干，多的就要放在土锅中焙，焙干水分，立即取出来研成粉末。研硝不能用铁碾在石臼里研，因为铁石摩擦一旦产生火花，造成的灾祸就不堪设想了。硝和硫配合成哪种火药是有一定配方比例的，配入硫黄要一起研，木炭粉随后才加入。硝焙干后，时间久了又会返潮。因此大炮所用的硝药，多数是临时才装上去的。

硫　黄

硫黄要和硝配合好，才能变成火药爆炸发声。北方少数民族地区是不产硫黄的，硝石产量多却用不上，因此我国对于硫黄是严禁贩运的。大炮点火，要用硝和木炭末混合搓成导火线，不要加入硫黄，加了硫黄就会使引线导火受阻、失灵。硫黄很难碾碎，但若每两硫黄加入一钱硝一起碾，就很快可以碾成灰尘一样的粉末了。

火　器

西洋炮是用熟铜铸成的，圆形的炮筒像铜鼓。点燃引线放炮时，半里之内，人和马都会吓死。（在平地点燃引线时装上操纵炮身转动的机关，前行遇到坑洼才停下来。炮手点燃引线后，马上要往回跑并跳进深坑里，这时炮声在高处爆响，炮手才不至于受伤或丧命。）（见图 15 - 4）

红夷炮是用铸铁造的，身长一丈多，用来守城。炮膛里装有几斗铁丸和火药，射程二里，被击中的目标会变成碎粉。大炮引发时，首先会产生很大的后坐力，炮位必须用墙顶住，墙因此而崩塌是常见的事。

大将军、二将军：是小一点的红夷炮，在中国却已算是个大家伙了。佛郎机：水战时装在船头用。三眼铳、百子连珠炮。（见图 15－5）

地雷（见图 15－6）：埋藏在泥土中，用竹管套着引线，引爆时冲开泥土起攻击作用，地雷本身也同时炸裂。（见图 15－7）这就是所谓的横击，因制火药时用硫黄较多的缘故。（引线要涂上矾油，爆破口要用盆覆盖。）

混江龙（见图 15－8）：用皮囊包裹好水雷，再用漆密封加固，然后沉入水底，岸上用一条引索控制。皮囊里挂有引火的火石和火镰，一旦牵动引索，皮囊里自然就会点火引爆。敌船从这儿航行过去，碰到它就会被炸坏，但它毕竟是个笨钝的东西。（见图 15－9）

鸟铳（见图 15－10）：鸟铳长约三尺，装火药的铁枪管嵌在木托上，以便于手握。锤制鸟铳时，先用一根像筷子一样大的铁杆为锻模，然后将烧红的铁块包在它上面打成铁管。铁管先做三段，再把接口烧红，尽力锤打接合而成枪管。接合之后，又用如同筷子一样粗的四棱钢锥插进枪管里来回转动，使枪管内壁极其光滑，发射弹药时才不会有阻滞。枪管根托近人身的一端比末端大，因为要用来装载火药。每支铳一次大约装火药一钱二分，铅铁弹子二钱。点火时不用引信（岭南的鸟铳制法，也有用引信的），在枪管近人身一端通到枪膛的小孔上露出一点硝，用锤烂了的苎麻点火。左手握铳对准目标，右手扣动扳机将苎麻火逼到硝药上，一扣发就射出去了。鸟雀在三十步之内中弹，会被打得稀巴烂，五十步以外中弹才能保存原形，到了一百步，火力就不及了。鸟枪的射程超过二百步，制法跟鸟铳相似，但枪管长度、装的火药量，都增加了一倍。

万人敌（见图 15－11）：凡是边远小县城里守城御敌，有炮但攻击力不够的，或即使配有火炮却笨重难使的地方，万人敌便是适合近距离作战的机动武器。硝石和硫黄配合产生的火力，能把千军万马立刻炸得粉碎。它的制法是：用干燥了很久的中间有空隙的泥团，通过上边留的小孔装满由硝和硫黄配成的火药，并由人灵活地增减和掺入毒火、神火等药料。这样灌好药并安上引信后，再用木框框住；也有在木桶里面糊泥并填实火药造成的，道理是一样的。若用泥团就一定要在泥团外加上木框，这是为了防止抛出去还没爆炸就破裂了。敌人攻城时，点燃引信，把万人敌抛掷到城下。这时，万人敌不断腾射火力，并且四方八面地旋转起来。它向内旋时，因有城墙挡着，不会伤害自己人。当它向外旋时，敌军人马就都难以幸存。这是守城的首要武器。(见图 15－12)凡能通晓火药性能和火器制法的人，都可以发挥自己的聪明才智。这种武器的研制还不到十年，负责守卫疆土的将士们都可以关注其中的技巧原理。

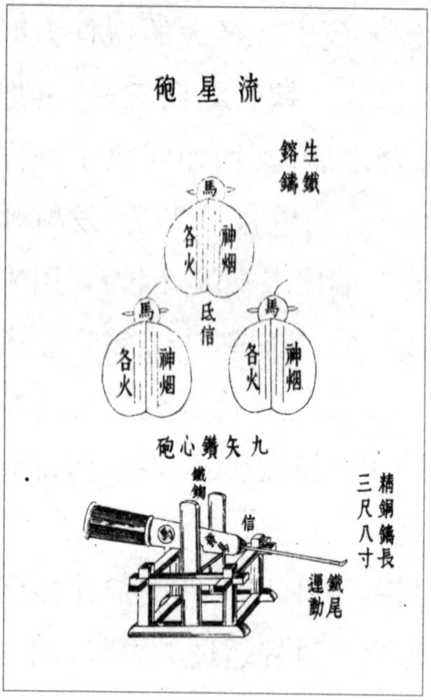

图 15－4　流星炮

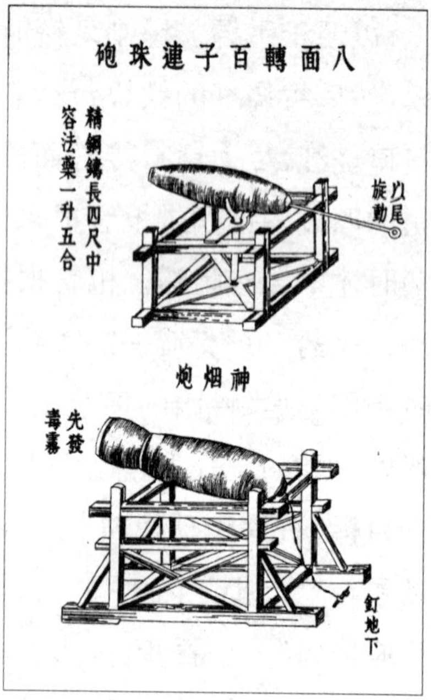

图 15－5　八面转百子连珠炮

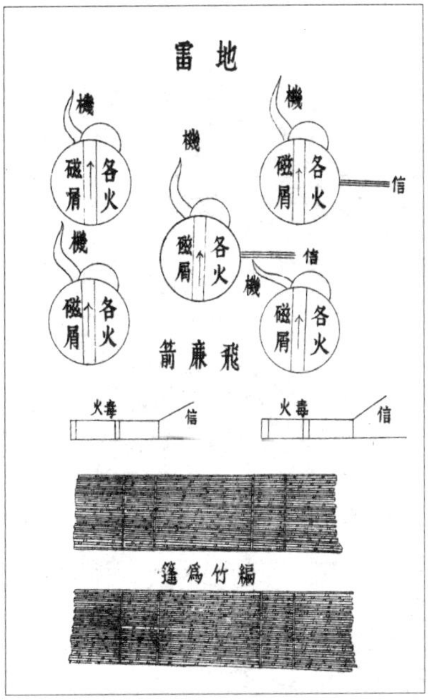

图 15－6　地雷

图 15－7　地雷炸

图 15－8　混江龙

图 15－9　混江龙炸

图 15－10　鸟铳

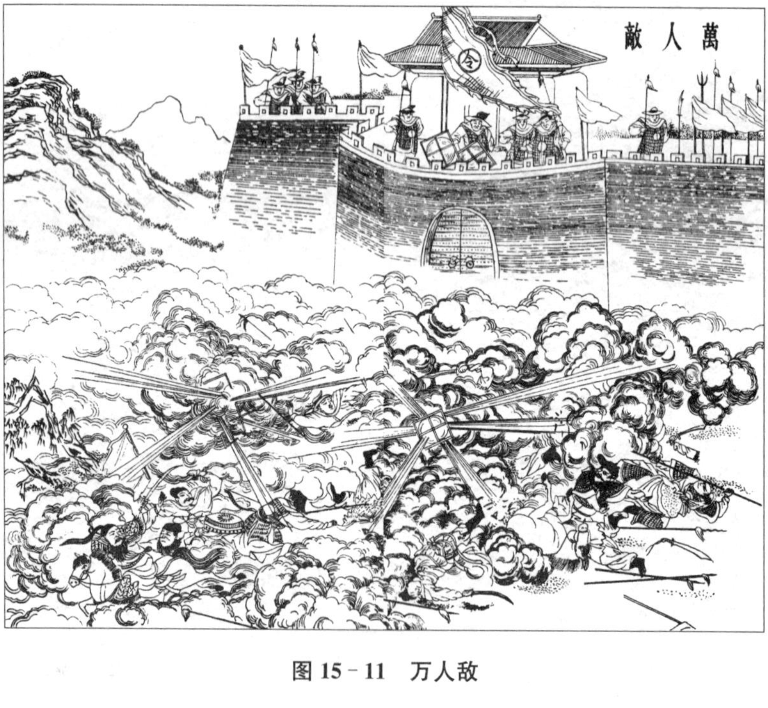

图 15－11　万人敌

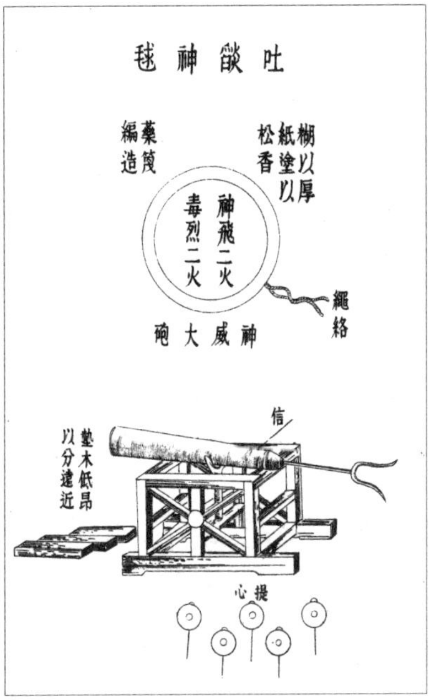

图 15－12　吐焰神球

第十六章　丹青

宋先生说：古代的文化遗产之所以能够流传千古而不失散，靠的就是白纸黑字的文献记载，这种功绩是大得无与伦比的。《易经》说《离》卦为火，火是红色的，其中却酝酿着最黑的墨烟；水银是白色的，最红的银朱却由它变化而来。大自然的熔炉锤炼变化万千，真是不可思议啊！五色诏章从遥远的京都颁发下来，有朱红色的大印盖在墨色的诏文下，就能使重大的号令得到彰扬。万卷书籍的批阅，那些黑墨文字由于红色朱笔的圈点，而使好文章能够焕发异彩。书房有了笔、墨、纸、砚四宝，那些珠玉还有什么用呢？至于画家描摹万物，有的人使用原色，有的人使用调配出来的颜色，各种各样的颜色都齐备了。颜料的调制，正像《易经》中《坎》卦水附着《离》卦火一样，要依靠水火的相互作用才能制成，从而共同呈现出水、火、木、金、土这五种事物（五行）的变化形态，若不是最为神奇玄妙的大自然，谁能做到这一切呢？

朱

朱砂、水银和银朱本来都是同一类物品，名称不同是因其精与粗、老与嫩的差别所造成的。上等的朱砂，产于湖南西部的辰水、锦江（今名麻阳）流域以及四川西部地区。朱砂里面虽然包含着水银，但不用来炼取水银。这是因为光明砂、箭镞砂、镜面砂等几种朱砂比水银还要贵上三倍，所以要选出来另外卖。如果把它们炼成水银，反而会降低它们的价值。只有等次差一些的朱砂，才用来提炼水银，再由水银提炼成银朱。

上档次的朱砂矿，要挖土十多丈深才能找到。发现矿苗时，只看见一堆白石，这叫作朱砂床。靠近床的朱砂，有像鸡蛋那么大的。那些次等朱砂一般不用来配药，而只是研磨成粉供绘画与炼水银用。这种次等朱砂矿不一定会有白石矿苗，挖到几丈深就可以得到，它的矿床外面还掺杂有青黄色的石块或沙土，由于土中蕴藏着朱砂，因此它外面的石块或沙土多会自行裂开。这种次等朱砂在贵州东部的思南、印江、铜仁等地最多，而陕西商县、甘肃天水一带也分布较广。

次等朱砂开采出来，若整条矿坑都是质地较嫩而颜色泛白的，就不用来研磨做朱砂，而全部用来提炼水银。如果砂质虽然很嫩但看起来有红光闪烁的，就开采来放入大铁槽中碾成尘粉，然后放入缸内，注入清水浸泡。浸三天三夜之后，再摇荡水缸，把浮在上面的砂石取出来倒入别的缸里，这叫作二朱。那些沉结在下面的晒干后就叫作头朱。（见图 16－1）

提炼水银，或用嫩白的次等朱砂，或用缸中倾出的浮面二朱，加水搓成粗条，盘起来放进锅里，每三十斤装入一口锅提炼，下面烧火用的炭也要三十斤。锅上面还要倒扣一口锅，锅顶当中留一个小孔，两锅的衔接处要用盐泥加固密封。锅顶上的小孔和一支弯曲的铁管相连接，铁管从头至尾要用麻绳缠绕紧密，并涂上盐泥加固。烧火熔炼时，曲管的一端插入锅中通气（插入的地方要用丝线缠紧密封不漏气），另一端则通到装有两瓶水的罐子中，使熔炼锅中的气体能到达罐里的水为止。共煅烧五个时辰，锅中的朱砂就会全部化为水银布满整个锅壁。冷却一天之后，再取出扫下。这里面的玄妙最难以捉摸，包含着自然界的无穷变化。（《本草纲目》中胡乱注释，说什么炼水银时要“凿地一孔，放碗一个盛水”！）（见图 16－2）

把水银再炼成朱砂，因此就叫作银朱。提炼时的方法，或用敞口的泥罐子，或用上下两只锅。每斤水银加入石亭脂（即天然硫黄）两斤，一起研磨到看不见水银的亮珠为止，并炒成青黑色，装进罐子里。罐子口要用铁盏盖好，盏上压一根铁尺。再用铁丝兜底把罐子和铁盏绑紧，用盐泥黏结密封罐口，下面用三根铁钉插在地上成鼎足状承托泥罐。烧火加热需要约燃完三炷香的时间，在这个过程中要不断用废毛笔蘸水擦擦铁盏面，那么水银便会变成银朱粉凝结在罐子壁上，贴近罐口的银朱色泽更加鲜艳。冷却之后揭开铁盏封口，即可扫取银朱。（见图 16－3）那剩下的石亭脂沉到罐底，还可以取出来再用。每提炼水银一斤，可炼得上等朱砂十四两、次等朱砂三两半，多出的重量是凭借石亭脂的硫质而产生的。

用这种方法提炼的朱砂跟天然朱砂研成的朱砂功用差不多。皇家贵族绘画，用的是辰州、锦州等地出产的丹砂直接研磨而成的粉，而不用这种提炼的银朱粉。书房用的朱砂一般要胶合成条块状，在石砚上磨就能显出原来的鲜红色，但若在锡砚上磨，就会立即变成棕黑色。漆工用朱砂调制红油彩来粉饰器物，只有和桐油调和才会色彩鲜明，加入天然漆调和会色彩灰暗。

水银和朱砂再没有别的产出之处了，那些所谓水银产自水银海或可以从水银草中提炼的说法都是没有根据的，只有轻信传闻的人才会相信。水银已提炼为朱砂之后，就再不能还原为水银了，因为大自然创造化育万物的工巧到此施展完了。

图 16－1　研朱

图 16－2　升炼水银

图 16－3　银复生朱

墨

墨是由松烟或炭黑凝结胶质结合而成的。采用桐油、清油或猪油等烧成的烟做墨的，约占十分之一，采用松烟做墨的，约占十分之九。制造贵重的墨，本朝最推崇安徽的徽州人。他们由于油料运输困难，就派人到湖北的江陵、襄阳和湖南的辰溪、沅陵等地租屋居住，购买当地便宜的桐油就地点火烧成烟灰带回来。有种墨是日后写在纸上，在阳光斜照下可泛红光的，那是用紫草汁浸染灯芯之后，燃烧油灯灯芯所得的烟灰做成的。

燃油取烟，每斤油可获得上等烟一两多。手脚伶俐的，一个人可照管专门用于收集烟的灯盏二百多副。（见图 16－4）如果刮取烟灰缓慢，烟就会过火而质量下降，造成油料和时间的浪费。其余的一般用墨，都是用松烟制成的，先使松树中的松脂流掉，然后砍伐。但凡松脂有一点点没流干净，用这种松烟做成的墨就会有渣滓，不好书写。让松树流掉松脂的办法，是在松树根部的地方凿一个小孔，然后点灯缓缓燃烧，这样整棵树上的松脂就会朝着这个温暖的小孔倾流出来。（见图 16 - 5）

烧松木取烟，先把砍伐的松木切成一定的尺寸，用弯曲的竹篾在地上搭建成圆拱屋，就像小船上的遮雨篷那样，逐个连接十多丈长。这些小篷屋的内外和接口都要用纸和草席糊紧密封。（见图 16 - 6）每隔几节，留出一个小孔出烟，竹篷和地接触的地方要盖上泥土，篷内砌砖要预先设计一个通烟火路。让松木在里面一连烧上好几天，冷歇后人们便可进去刮取了。烧松烟时，放火通烟的顺序是从头节弥散到尾节。靠尾部一、二节中取的烟为清烟，是制作优质墨的原料。从中节取的烟为混烟，用作普通墨料。最前面一、二节中，只能刮取烟子，卖给印书的店家，仍要磨细后才能用。剩下的就可供漆工、粉刷工做黑色颜料使用了。

用松烟制造的墨，放在水中长时间浸泡的话，按其浮沉会分出清纯和浓厚。墨和胶调和固结之后，用槌敲它，根据敲出的多少可以区别墨的坚脆。至于在墨中增加珍贵材料和荡上金字、加入麝香之类的，则松烟、油烟的多少都由人自行决定。其他有关墨的知识，《墨经》《墨谱》等书中都有所记述，想要知道更多知识的人，可以自己去仔细阅读，这里只不过是粗略地记述一下制墨的原料和方法罢了。

图 16－4　燃扫清烟

图 16－5　取流松液

图 16－6　烧取松烟

第十七章　曲蘖(niè)

宋先生说:因酗酒闹事而惹起的官司案件一天比一天多,这确实是酗酒造成的祸害,但究其源,酒曲本身又有什么罪过呢?在祭祀天地追念祖先的仪式上,在吟咏《商颂》《周雅》等诗篇的宴会间都要饮酒,要酿酒就必须依靠酒曲,这在古代圣贤的著作中几乎已经说得很明白了。酒曲原本就是五谷精华经过水分和空气的作用制造出来的。供医药上用的曲叫神曲,而用以保持珍贵食物美味的叫红曲。自古以来制作曲蘖的主料和配料的调制配方不断改进,制出的酒既能延年益寿又能辅助治疗各种痼疾顽症,它的功用真是一言难尽。如果没有我们祖先的创造发明和后人的聪明才智,又怎么能使酿酒的技术达到这样完善的地步呢?

酒　母

酿酒必须要用酒曲作为酒引子。没有酒曲,即便有好米好黍也酿不成酒。自古以来用酒曲酿白酒,用麦芽类的发酵物酿甜酒,后来的人嫌甜酒酒味太薄,结果导致失传,连酿制甜酒的技术和制蘖的方法都失传了。制作酒曲以麦子、面粉或米粉为原料,可以因地制宜,南方和北方做法不同,但原理是一样的。做麦曲,大麦、小麦都可以选用。制作酒曲的人,把麦粒带皮用井水洗净、晒干,时间最好选在炎热的夏天。制作时要把麦粒磨碎,用淘麦水拌和做成块状,再用楮叶包扎起来,悬挂在通风的地方,或者用稻草覆盖保温使它长霉菌变黄，这样经过四十九天就可以取用了。

制作面曲，是用白面五斤、黄豆五升，加入蓼汁一起煮烂，再加辣蓼末五两、杏仁泥十两，混合踏压成饼状，再用楮叶包扎悬挂或用稻草覆盖使它变黄，方法跟麦曲相同。那种用糯米粉加蓼汁搓和揉成饼，让它长出黄毛孢子后取用的，覆盖制作的方法和时间也跟前述的相同。在酒曲中加入主料、配料和草药，少的几种，多的可达上百种，各地的做法不同，不能一一详尽叙述。近代，北京用薏米为主要原料制作酒曲后再酿造薏酒。浙江的宁波和绍兴则用绿豆为料制作酒曲后再酿造豆酒。这两种酒都在国内有名酒美称。

制作酒曲的店家，如果在黄色孢子长得不够、看管不勤、又洗抹得不干净的情况下制成酒曲，那几粒坏酒曲轻易就能败坏人们上百斤的粮食。所以，卖酒曲的人必须要守信用、重名誉，这样才不会对不起酿酒的人。河北、山东一带酿造黄酒用的酒曲，大部分是在江苏淮安造好后用车船运去贩卖的。南方酿造红酒所用的酒曲跟淮安造的相同，都叫作大曲。但淮安卖的酒曲打成砖块状，南方的酒曲则是做成饼团状。那种酒曲要加进一种辣蓼粉，以增加通气孔，便于霉菌生长，它用稻米或麦子作为基本原料，还必须加入已制成酒曲的酒糟作为媒介。这种用酒糟为媒介的做法不知道是从哪个年代流传下来的，就像烧矾必须使用旧矾滓来掩盖炉口一样。

神　曲

制作神曲是专供医药用的，医家为了使它与酒曲相区别而称它神曲。神曲的制作方法始于唐代，这种曲不能通用于酿酒。制作时只用白面，每百斤加入青蒿、马蓼和苍耳三种东西的原汁，调和拌制成饼状，再用麻叶或楮叶包裹覆盖，与制作豆酱黄曲的方法一样。等到曲面颜色变黄就晒干收藏起来。至于要用其他什么药配合，则听凭医生的不同经验来增加，很难列出固定的处方。

丹　曲

有一种红曲，它的制作方法是近代才研究出来的。它的效果就在于能“化腐朽为神奇”，它的巧妙之处在于利用空气和白米的变化。在自然界中，鱼和肉是最容易腐烂的东西，但是只要将红曲薄薄地涂上一层，即便是在炎热的暑天也不会变质，放上十来天，蛆蝇都不敢接近，色泽味道还能保持原样，这真是一种奇药啊！

制造红曲用的是籼稻米，早稻、晚稻都可以。米要舂得极其精细，用水浸泡七天，泡到臭不堪闻时，就把它放到流动的河水中漂洗干净(必须用山间流动的溪水，大江大河的水不能用)。(见图 17 - 1)漂洗之后臭味还不能完全消除，把米放入饭甑里蒸成饭，就会产生香气，而且香得很。蒸这种米，先蒸到半熟，不要等它完全熟。从锅中取出，用冷水淋浇一次，等到蒸气冷了再蒸，这次就要蒸到熟透。这样蒸熟之后，好几石米饭堆放在一起再拌进曲种。

曲种一定要用最好的红酒糟为原料，每一斗酒糟加入马蓼草的原汁三升，再加明矾水拌和调匀。每石熟饭中加入曲种二斤，趁熟饭热时，几个人一起迅速拌和调匀，从热拌到冷。然后注意观察曲种拌入熟饭后的情况，过一段时间之后，饭的温度又会逐渐上升，这就说明曲种发生作用了。饭拌入曲种后，倒进箩筐里面，用明矾水淋一次再分开放进箧盘中，放到架子上通风。(见图 17 - 2)这以后就是风力起主要作用，而水火派不上什么用场了。

曲饭放入箧盘中时，每个箧盘大约装载五升。安放这些饭盘的房屋要比较高大宽敞，以防屋顶瓦面上的热气侵入。房屋要朝南，以防太阳西晒。每两个小时之中大约要翻拌三次。观察曲饭的人，在七天之内都要日夜守护在盘架之下，不能熟睡，即便在深更半夜里也要起来好几次。曲饭最初颜色雪白，过一两天后就变成黑色。接着再由黑色转为褐色，又由褐色转为赭色，赭色转为红色，到了最红的时候再转回微黄色。通风过程中所看到的这些颜色变化，叫作生黄曲。这样制成的红曲，其价值和功效都比一般的红曲要高好几倍。当曲饭由黑色变褐色、由褐色又变成红色时，都要淋浇一次水。变红以后就不需要再加水了。制造这种红曲，造曲的人必须把手和盛物的篾盘、竹席都洗得非常干净，否则只要有一丝一毫渣滓和肮脏的东西，都会使红曲制作失败。

图 17－1　长流漂米

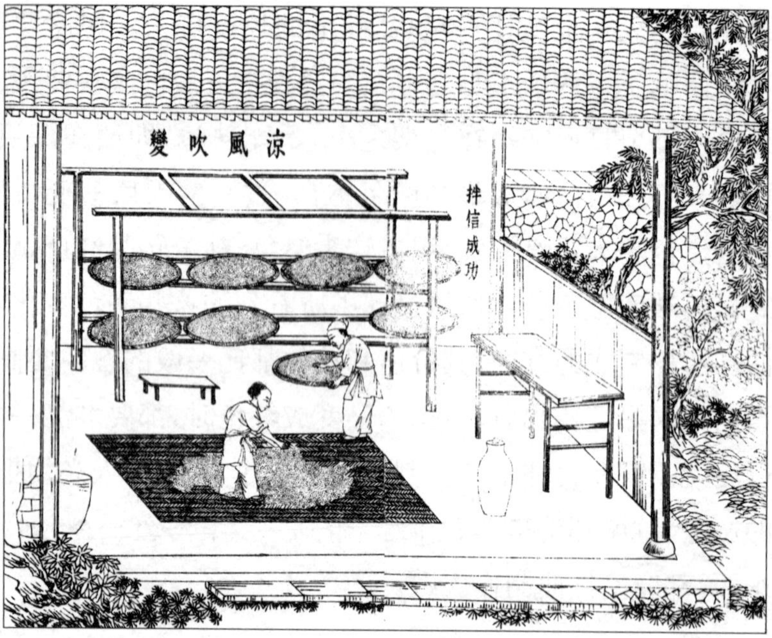

图 17－2　凉风吹变

第十八章　珠玉

宋先生说：蕴藏玉石的山闪烁光辉，涵养珍珠的水格外明媚，这其中的道理是真的如此呢，还是人们的主观臆测？凡是由天地自然化生的事物之中，总是光明与混浊相反，滋润与枯涩对立，在这里属贵重的东西，在另一个地方却相当低贱。广西合浦与新疆和田，相距约两万里，在这边有珍珠称雄，在那里有玉石傲立，但都很快不胫而走，到处流行，在人世间受到宠爱，在朝堂上焕发出辉煌的光彩，这就使得全国各地无尽的宝藏都降低了身价而把珠玉推上宝物的首位。难道全国的宝物都聚集在人身上，而天地间的精华就只有珠玉这几种吗?

珠

珍珠一定是出产于蚌腹之内,映照着月光逐渐孕育成形,经过多年才成为最贵重的宝物。至于蛇的腹内、龙的下颌及鲨鱼皮中有珍珠等说法,都是虚假的。我国的珍珠必定出产在广东雷州和广西廉州这两个地方。在夏、商、周三代以前,淮安、扬州一带也属于南方诸侯国的地域,得到的珠子比较接近《尚书·禹贡》中所记载的“淮夷玭珠”,或许是后来从互市上交易得来的,不一定是当地所出产。金代采自黑龙江克东县乌裕尔河一带,元代采自河北杨村到天津大沽口一带的种种说法,都是误传,这些地方什么时候采得过珍珠呢?至于说吉林省忽吕古江产珠,那是少数民族地区,不是中原地区。

蚌孕育出珍珠,这是从无到有。其他形体小的水生动物,很多都被吞噬掉了,所以寿命都不长。蚌却因为周身有坚硬的外壳包裹着,大敌没有空子可以钻,即便蚌被吞咽到肚子里,也是囫囵吞枣而不容易被消化掉,所以寿命很长,能够生成无价之宝。蚌孕育珍珠是在很深的水底下,每逢圆月当空时,蚌就张开贝壳接受月光照耀,吸取月光的精华,将之化为珍珠的形魄。尤其是在中秋月明之夜,老蚌会格外高兴。如果通宵无云,它就随着月亮的东升西沉而不断转动它的身体以获取月光的照耀。其他有些海滨不产珍珠,是因为当地潮汐涨落波涌震荡得厉害,蚌没有藏身和静养之地的缘故。

广西廉州的珠池从乌泥池、独揽沙池到青莺池,大约有一百八十里远。广东雷州的珠池从对乐岛到石城界,约有一百五十里。这些地方的水上居民采集珍珠，每年必定是在三月间，到时候还宰杀牲畜来祭祀海神，显得非常虔诚恭敬。他们能生吃海腥，潜入水中也能看透水色，知道蛟龙藏身的地方，就不敢前去侵犯。

采珠船比其他的船要宽和圆一些，船上装载有许多草垫子。每当经过有漩涡的海面时，就把草垫子抛下去，这样船就能安全地驶过。（见图 18－1）采珠人在船上先用一条长绳绑住腰部，然后带着篮子潜入水里。（见图 18－2）潜水的人还要用一种锡做的弯环空管，管口对准潜水人的口鼻罩住，使人能轻松透气呼吸，另外还要将罩子的软皮带包缠在耳朵和后颈之间，以使牢靠。有的潜水人最深能潜到水下四五百尺，将蚌捡回到篮里。呼吸困难时就摇绳子，船上的人便赶快把他拉上来，命运不好的人也有葬身鱼腹的。潜水的人出水之后，要立即用煮热了的毛皮织物盖上，盖迟了人就会被冻死。（见图 18－3）

宋朝有一位姓李的招讨官，曾想办法做了一种齿耙形状的铁器，底部横放木棍用来封住网口，两角坠上石头沉底，四周围上如同布袋子的麻绳网兜。将牵绳绑缚在船的两侧，借着风力扬帆行船来兜取珠贝，然而这种采珠的办法也有漂失和沉溺的危险。现在，水上采珠的居民会同时采用上述两种方法。

珍珠生长在蚌的腹内，就如同玉包藏在璞石中一样。开始的时候还分不出贵贱，等到剖取之后才能识别分开。周长从五分到一寸五分的就算是大珠。有一种珠呈扁圆形，像个覆盖的锅，一边光彩略微像镀了金似的，名叫珰珠，一颗价值千金。古时候所传说的“明月珠”“夜光珠”，就是这些珍珠。白天天气晴朗的时候，在屋檐下能看见它有一线光芒闪烁不定，“夜光”不过是它的美号罢了，并不是真有能在夜间发光的珍珠。其次便是走珠，放在平底的盘子里，它会滚动不停，价值也跟珰珠差不多。（死人口中含上一颗，尸体就不会腐烂，所以帝王之家不惜出重金购买。）再次的就是滑珠，色泽光亮，但形状不是很圆。再次的是螺蚵珠、官雨珠、税珠、葱符珠等。粒小的珠像小米粒儿，普通的珠像豌豆儿。下等而破碎的珠叫作玑。从夜光珠到碎玑，就好比同样是人却分成从王公到奴隶的不同等级一样。

珍珠的生产是有一定限度的，采得太频繁，它的生长产出就会跟不上。如果几十年不采，那么蚌可以安身繁殖后代，孕珠也就多了。所谓“珠去而复还”，这其实是取决于珍珠固有的消长规律，并不是真有什么“清官”感召之类的神奇之事。（明代弘治年间，有一年采得二万八千两；万历年间，有一年只采到三千两，还抵不上采珠的花费。）

图 18－1　掷荐御漩

图 18-2　扬帆采珠　竹笆沉底

图 18-3　没水采珠船

宝

宝石都出产于矿井之中，其产地则以我国西部一些疆域为最多，中原地区就只出产在云南金齿卫（澜沧江到保山、腾冲一带）和丽江两个地方。宝石不论大小，外面都有石床包裹，就像玉有璞石包住一样。金银都是在土层底下经过恒久的变化而形成的，但宝石不是这样，它是从井底直接上透天空，吸取日月的精华而形成的，因此本身质地能够闪光发亮。这跟玉产自湍流之中，珠孕育在深渊水底的道理是相同的。

出产宝石的矿井，即便很深，其中也是没有水的，这是大自然的刻意安排。但井中有宝气就像雾一样地烟云弥漫，人呼吸这种宝气的时间久了，多数会窒息以至死亡。因此，采集宝石的人通常是十多个人一起合伙，下井的人分得一半宝石，井上的众人分得另一半宝石。下井的人用长绳绑住腰，腰间系两个叉口袋，到井底有宝石的地方，随手将宝石赶快装入袋内。（宝石井里一般不容蛇虫藏身。）（见图 18－4）腰间系一个大铃铛，一旦宝气逼得人承受不住的时候，就急忙摇晃铃铛，井上的人就立即拉粗绳把他提上来。这时，那个人即便没有生命危险，也已昏迷不醒了。（见图 18－5）只能往他嘴里灌一些白开水用来解救，三天内都不能吃东西，然后慢慢调理才能康复。口袋里的宝石，有的大得像碗，中等的像拳头，小的像豆子，但从表面上看不出里面是什么样子。交给琢工锉开后，才知道是什么样的宝石。

属于红色和黄色的宝石有：猫睛、靺羯芽、星汉砂、琥珀、木难、酒黄、喇子等。猫睛石是黄色而稍带些红色。琥珀最贵的名叫瑿（音依，价值是黄金的五倍），红中微带黑色，但在白天看起来是黑色的，在灯光下看起来却很红。木难是纯黄色，喇子是纯红色。从前不知哪个随口妄言的人在“松树”条目下加注茯苓，又注释为琥珀，真是浅薄可笑！

属于蓝色和绿色的宝石有：瑟瑟珠、祖母绿、鸦鹘石、空青（空青取自它的内质，外层表皮也可琢打成曾青）等。至于玫瑰宝石，一种像黄豆或绿豆大小的，则红色、绿色、蓝色、黄色，各色俱全。宝石中有玫瑰，就像珠中有玑一样。比星汉砂高一级的，还有一种名为煮海金丹的。这些宝石都是我国西部地区出产的，偶然也有随宝气出现的，但云南中部的矿井中并不出产这类宝石。

现在的人伪造宝石，只有琥珀最容易造假。高明的造假者用硫黄熬煮，手段低劣的用黑红色的染料煮熬牛角、羊角胶，映照之下隐约可见红光，但如今也最容易辨认（琥珀研磨后有浆）。至于说琥珀能够吸引草芥，那是骗人的说法，因为物体只有借助人的气息才能吸引轻微的东西。从古代各类药书开始就有一些粗劣荒谬的东西传世，都应当删去，免得浪费雕版刻印书的木料。

图 18－4　宝井

图 18－5　宝气饱闷

玉

凡贩运到中原内地的玉，贵重的都出自新疆于阗(见图 18－6)(汉代时西域的一个地名，后代又叫别失八里，或属于赤斤蒙古，具体名称未详)、葱岭(见图 18－7)。所谓蓝田，就是葱岭出玉之处的另一地名，而后世误以为是西安附近的蓝田。葱岭的河水发源于阿耨山，流到葱岭后分为两条河，一条叫作白玉河(见图 18－8)，一条叫作绿玉河(见图 18－9)。后来晋代人高居诲作《于阗国行程记》载有乌玉河，这段记载是错误的。

含玉的璞石不藏于深土，而是在靠近山间源泉处的急流河水中激映而生。但采玉的人并不到产生玉的原生地去采，因为河水湍急无从下手。等到夏天涨水时，含玉的璞石随湍流冲至一百里或二三百里处，再在河中采玉。玉是感受月之精光而生的，所以当地人沿河取石多是在秋天明月之夜，守在河边观察。含玉璞石堆聚的地方，那里的月光就显得特别明亮。含玉的璞石随河水而流，仍免不了会夹杂在乱石丛集的浅滩之中，那就要采出来经过辨认而后才知道哪块是玉。

白玉河流向东南，绿玉河流向西北。亦力把力(即别失八里)地区有个地方叫望野，附近河水多聚玉。当地的风俗是由妇女赤身下水取玉，说是由于妇女的阴气相召，玉就会停留住不动，易于捞取，这或可说明当地人的愚昧。(当地并不认为此物贵重，如果沿河再过数百里，路途远，卖不出去，就弃而不用。)

玉只有白、绿两种颜色，绿玉在中原地区叫菜玉。那些赤玉、黄玉的说法，都是指奇石、琅玕(lánggān)等似玉的美石之类，虽然价钱不低于玉，但终究不是玉。含玉璞石源于山石流水之中，未剖出来时，璞中之玉软如棉絮，剖露出来后就已变硬，遇到风尘就变得更硬。世间有所谓琢磨软玉的，这又错了。璞中藏玉，其外层叫玉皮，取来作砚和托座，值不了多少钱。璞中之玉有纵横一尺多而无瑕疵的，古时帝王用以作印玺。所谓价值连城之璧，也不容易得到。那些纵横五六寸而无瑕的玉，用来加工成酒器，这在当代也是重宝了。

此外，只有西洋琐里（今印度科罗曼德尔沿岸）产有异玉，平时白色，晴天在阳光下显出红色，阴雨时又变成青色，这可说是玉妖，宫廷内才有这种玉。朝鲜西北的太尉山有一种千年璞，中间藏有羊脂玉，与葱岭所出的美玉没有什么不同。其他各种玉虽书中有记载，但笔者未曾见闻。玉由葱岭缠头的回族人（其风俗是人们经年在头部裹一层布，老了就显得很臃肿，故名缠头回人。那里的国王也是谨慎地不将头发露在外面，问其原因，则说一露头发就会年成不好，这种习俗可笑得很。）（由于历史观的局限，作者在此处讥笑我国少数民族同胞，不可取。）或者是沿河乘船，或者是骑骆驼，经庄浪卫运入嘉峪关，而到甘州、肃州。中原内地贩玉的人来到这里从互市中得到玉后，再向东运，一直汇集到北京卸货。玉工辨别玉石等级而定价后开始琢磨。（良玉虽集中在北京，但琢玉的工巧首推苏州。）

开始剖玉时，用铁做个圆形转盘，将水与沙放入盆内，用脚踏动圆盘旋转，不断添沙剖玉，一点点把玉划断。（见图 18－10）内地剖玉所用的沙，出自顺天府玉田和真定府邢台两地，这种沙不是产于河中，而是从泉中流出的细如面粉的细沙，用以辅助磨玉，玉永不耗损或折断。玉石剖开后，再用一种利器镔铁刀施以精巧工艺制成玉器。（镔铁也出自新疆哈密那种类似磨刀石的岩石中，剖开就能炼取。）

琢磨玉器时剩下的碎玉，可取来作钿（diàn）花。碎得不能再用的则碾成粉，过筛后与灰混合来涂琴瑟，琴有玉器的音色，就是这个缘故。雕刻玉器到特别细微的地方难以下锥刀的，就用蟾蜍汁填画在玉上，再以刀刻。这种一物克一物的道理恐怕还很难弄清楚。凡是用珷玞(wǔfū)冒充假玉的，就像以锡充银，很容易辨别。近来有人将上等材料的白瓷器舂捣成极细的尘粉，再用白蔹(liǎn)等黏汁调制成器物，干燥后的色彩会像玉那样光亮，这种作伪方法最为巧妙。

珠玉与金银的生成方式相反。金银受日精，必定埋在深土内形成；而珠玉、宝石受月华，不要一点泥土掩盖。宝石在井中直透青空，珠在深水里，而玉在险峻湍急的河滩，只受明亮的天空或河水覆盖。珠有螺蚌壳坚硬如城，螺母在里面，由龙神守护，人不敢犯。那些注定应用于世间的珠，由螺母推出供人取用。玉处在最初孕育的地方，人不能开采到。只有玉神把它推迁到河里，然后才任人采取，与珠宫一样属于神异的事。

图 18-6　于阗国

图 18-7　葱岭阴

图 18－8　白玉河

图 18－9　绿玉河

图 18－10　琢玉